Die elliptischen Funktionen von Jacobi

Fünfstellige Tafeln, mit Differenzen, von $\operatorname{sn} u$, $\operatorname{cn} u$, $\operatorname{dn} u$
mit den natürlichen Zahlen als Argument, nach
Werten von m ($= k^2$) rangiert, nebst
Formeln und Kurven

von

L. M. Milne-Thomson
Assistant Professor of Mathematics in the
Royal Naval College, Greenwich

Berlin
Verlag von Julius Springer
1931

Alle Rechte, insbesondere das der Übersetzung
in fremde Sprachen, vorbehalten.

Softcover reprint of the hardcover 1st edition 1931

ISBN-13: 978-3-642-89403-9   e-ISBN-13: 978-3-642-91259-7
DOI: 10.1007/978-3-642-91259-7

Vorwort.

Die Zahl der Probleme, deren Lösung durch elliptische Funktionen ermöglicht wird, ist sehr groß. Die Anwendungsgebiete erstrecken sich auf Elektrotechnik, Physik, Mechanik, Hydromechanik, im Gebiete der reinen Mathematik auf Algebra, Zahlentheorie, Differentialrechnung, Geometrie, konforme Abbildungen, Kurven- und Flächentheorie. Die Einführung der elliptischen Funktionen (im Gegensatz zu den elliptischen Integralen) erleichtert das Rechnen und führt zu Transformationen, die sonst leicht übersehen werden können.

Die einfachsten elliptischen Funktionen, mit deren Hilfe numerische Rechnungen durchgeführt werden können, sind die Jacobischen. Diese können als eine Erweiterung sowohl der Kreis- als auch der Hyperbelfunktionen angesehen werden. Tafeln dieser Funktionen sind bisher nicht erschienen; die vorliegende Arbeit soll diese Lücke ausfüllen. Es ist fast überflüssig zu erwähnen, daß Thetafunktionen und elliptische Integrale keine echten elliptischen Funktionen sind, weil ihnen die grundlegende Charakteristik der Doppeltperiodizität fehlt.

Da bei den praktischen Anwendungen des Elektrotechnikers, des Ingenieurs sowie aller anderen wissenschaftlichen Arbeiter die natürlichen Zahlen und das Quadrat des Moduls (d. h. k^2) als Argumente in Frage kommen, habe ich diese Zahlen als Argumente hervorgehoben. Ich habe auch die natürlichen, nicht die logarithmischen Werte angegeben, weil anzunehmen ist, daß Ausrechnungen immer mehr unter Verwendung von Rechenschiebern bzw. Rechenmaschinen vorgenommen werden, und ich war bestrebt, vom Standpunkt der praktischen Anwendungsmöglichkeit aus, die Tafeln recht übersichtlich und für ein schnelles Auffinden zweckmäßig zu gestalten. Die Werte des Arguments u greifen bei jedem Modul auf die zugehörige Viertelperiode K über; die Werte von K werden auf jeder Seite wiederholt. Ich habe auch Formeln angegeben, mit deren Hilfe Werte der Jacobischen elliptischen Funktionen sowie der Weierstraßschen $\wp$-Funktion für jedes reelle oder komplexe Argument sowie für jeden Wert des Moduls berechnet werden können. Da die Funktionen niemals den Wert Eins übersteigen und auf fünf Dezimalstellen berechnet sind, ist der Dezimalpunkt unnötig. Um eine eventuelle Interpolation zu erleichtern, sind die ersten Differenzen, bei festem Modul, angegeben. Drei Abbildungen zeigen den Verlauf von sn u, cn u, dn u nach steigendem Modul. Mit Rücksicht auf gelegentliches mehrstelliges Rechnen habe ich eine achtstellige Tafel der vollständigen elliptischen Integrale K, K', E, E' und der Zahl q mit dem Intervall 0·01 für m hinzugefügt. Sie sind meinen zehnstelligen Tafeln dieser Zahlen (erstmalig veröffentlicht im Journal of the London Mathematical Society 1930, 1931) entnommen. Ein weiteres Hilfsmittel zum mehrstelligen Rechnen bietet meine Tafel von Quadratwurzeln[1].

Da bisher keine systematischen Tafeln der doppeltperiodischen Jacobischen Funktionen berechnet worden sind, sind die vorliegenden Tafeln vollständig neu und einzigartig, ein kurzer Abriß der Herstellung wird deshalb vielleicht nicht ohne Interesse sein. Zunächst wurden zehnstellige Tafeln von q und $2K/\pi$ für $m = 0·01 — 0·99$ berechnet und eine zehnstellige Tafel von cos ϑ, mit Differenzen, für $\vartheta = 0·001 — 7·000$ aufgestellt. Danach wurde eine zehnstellige Grundtafel von dn u für jedes m unter Heranziehung der q-Reihen gemacht. Aus dieser Tafel wurden sn u, cn u hergeleitet. Die vorliegenden fünfstelligen Tafeln wurden mittels Interpolation[2] aus der Grundtafel, mit einem größtmöglichen Fehler von $\pm$ 0·52 Einheiten der fünften Dezimale, errechnet. Aus der Grundtafel lassen

---

[1] L. M. Milne-Thomson: Standard Table of Square Roots. London: G. Bell & Sons Ltd. Achtstellige Quadratwurzeln, mit Differenzen, von x und $10 x$ für jedes vierstellige x.

[2] Im Nautical Almanac 1931: Interpolation Tables S. 847, vorletzte Linie, statt 62 lies 61.

sich selbstverständlich nach Bedarf Tafeln höherer Stellenzahl ableiten. Bei dieser Arbeit bin ich von meiner Frau so tatkräftig unterstützt worden, daß ich ihr an dieser Stelle meinen besten Dank sage.

Zum Schluß habe ich die angenehme Pflicht, der Verlagsbuchhandlung Julius Springer, deren Unternehmungsgeiste die mathematische Wissenschaft so viel verdankt, für das bereitwillige Eingehen auf alle meine Wünsche hinsichtlich der Drucklegung meinen lebhaften Dank auszusprechen.

Greenwich, im Juni 1931.

L. M. Milne-Thomson.

Inhaltsverzeichnis.

	Seite
Einführung	VII
Numerische Beispiele	VIII
Allgemeine Formeln	X
Additionsformeln	XI
Transformationen	XII
Integrale	XII
Die Weierstraßsche $\wp$-Funktion	XIV
Graphische Darstellung von sn u	1
Fünfstellige Tafel von sn u	2
Graphische Darstellung von cn u	23
Fünfstellige Tafel von cn u	24
Graphische Darstellung von dn u	45
Fünfstellige Tafel von dn u	46
Achtstellige Tafel von K, K', E, E', q, q_1	66

Einführung.

Es sei
$$u = \int_0^{\varphi} \frac{d\varphi}{\sqrt{1 - k^2 \sin^2 \varphi}}.$$

Die elliptischen Funktionen von Jacobi sind durch die Beziehungen
$$\operatorname{sn}(u, k) = \sin\varphi, \quad \operatorname{cn}(u, k) = \cos\varphi, \quad \operatorname{dn}(u, k) = + \sqrt{1 - k^2 \sin^2 \varphi}$$
erklärt. Sie sind einwertige doppeltperiodische Funktionen vom Argument u mit je zwei einfachen Polen in einem Periodenparallelogramm. Die Zahl k ist der Modul, der komplementäre Modul ist $k' = \sqrt{1 - k^2}$. Bei Anwendungen ist aber gewöhnlich k^2 (nicht k) gegeben und wir sehen deshalb in den vorliegenden Tafeln die Funktionen als abhängig von k^2 an. Von diesem Gesichtspunkte aus wird für die Funktionen $\operatorname{sn}(u \mid k^2)$, $\operatorname{cn}(u \mid k^2)$, $\operatorname{dn}(u \mid k^2)$ geschrieben, wodurch wir jede Verwechslung mit der Schreibweise $\operatorname{sn}(u, k)$, $\operatorname{cn}(u, k)$, $\operatorname{dn}(u, k)$ vermeiden. Setzt man $m = k^2$, so ist die Zahl $m_1 = 1 - m = 1 - k^2 = k'^2$ komplementär zu m. Wir schreiben dann $\operatorname{sn}(u \mid m)$, $\operatorname{cn}(u \mid m)$, $\operatorname{dn}(u \mid m)$, wenn wir die Zahl m ins Auge fassen wollen. Bei Quotienten schreiben wir (nach Glaisher) nur die Anfangsbuchstaben des Nenners und des Zählers, so daß z. B. $\operatorname{sc} u$ statt $\frac{\operatorname{sn} u}{\operatorname{cn} u}$ geschrieben wird. Bei Reziproken werden die Buchstaben vertauscht, z. B.
$$\operatorname{nd} u = \frac{1}{\operatorname{dn} u}.$$

Löst man die Gleichung $a = \operatorname{sn} u$ auf, so ist $u = \operatorname{sn}^{-1} a$; $\operatorname{cn}^{-1} a$, $\operatorname{dn}^{-1} a$ sind in ähnlicher Weise zu verstehen.

Die Interpolation zwischen den Werten von m ist einfach, wenn $u < \frac{1}{2} K$. Wenn $u > \frac{1}{2} K$, können die Funktionenwerte auf Werte für $u - K$ zurückgeführt werden. Die betreffenden Formeln sind in der Formelsammlung angegeben.

Als interessantes Beispiel der Anwendung zeigen wir die Lösung der Eulerschen Gleichungen der freien Bewegung eines festen Körpers:
$$A\dot{p} - (B-C)qr = 0,$$
$$B\dot{q} - (C-A)rp = 0,$$
$$C\dot{r} - (A-B)pq = 0,$$
wo p, q, r Winkelgeschwindigkeitskomponenten bedeuten und $A > B > C$.

Hier setzt man
$$p = p_0 \operatorname{cn}(n(t-t_0)\mid m), \quad q = h \operatorname{sn}(n(t-t_0)\mid m),$$
$$r = r_0 \operatorname{dn}(n(t-t_0)\mid m).$$
Setzt man diese Werte in die Gleichungen ein, so ergibt sich
$$\frac{h^2}{p_0^2} = \frac{A(A-C)}{B(B-C)}, \quad m = \frac{A-B}{B-C} \cdot \frac{A p_0^2}{C r_0^2}, \quad n^2 = \frac{(A-C)(B-C)}{AB} r_0^2.$$

Numerische Beispiele.

Interpolationsformel $f(a+x) = f(a) + x[\Delta' - \tfrac{1}{2}(1-x)\Delta'']$.

Δ' ist die erste, Δ'' die zweite Differenz.

(1) Gesucht $\operatorname{sn}(0{\cdot}75, \sqrt{0{\cdot}4})$
$$\operatorname{sn}(0{\cdot}75, \sqrt{0{\cdot}4}) = \operatorname{sn}(0{\cdot}75 \mid 0{\cdot}4) = 0{\cdot}66316.$$

(2) Gesucht $\operatorname{cn}(0{\cdot}54, 0{\cdot}98)$
$$m = k^2 = (0{\cdot}98)^2 = 0{\cdot}9604,$$
$$\operatorname{cn}(0{\cdot}54 \mid 0{\cdot}9) \quad = 0{\cdot}86884,$$
$$+ 120 = \Delta',$$
$$\operatorname{cn}(0{\cdot}54 \mid 1{\cdot}0) \quad = 0{\cdot}87004,$$
$$\operatorname{cn}(0{\cdot}54 \mid 0{\cdot}9604) = 0{\cdot}86956 = \operatorname{cn}(0{\cdot}54, 0{\cdot}98).$$

(3) Gesucht $\operatorname{sn}(4{\cdot}7 \mid 0{\cdot}70)$
$$4{\cdot}7 - 2K = 4{\cdot}7 - 4{\cdot}15073 \quad = \quad 0{\cdot}54927,$$
$$\operatorname{sn}(4{\cdot}7 \mid 0{\cdot}70) = -\operatorname{sn}(0{\cdot}54927 \mid 0{\cdot}70) = -0{\cdot}50658.$$

(4) Gegeben $u = 0{\cdot}60$, $k = 0{\cdot}50$; gesucht $\operatorname{dn}(u, k')$
$$m = k^2 = 0{\cdot}25; \quad m_1 = 0{\cdot}75 = k'^2,$$
$$\operatorname{dn}(0{\cdot}60 \mid 0{\cdot}70) = 0{\cdot}88986, \quad \Delta' = -1550, \quad \Delta'' = +5,$$
$$\operatorname{dn}(u, k') = 0{\cdot}88210.$$

(5) Gesucht $\operatorname{sn}(2{,}54 \mid 0{,}99)$

$$\operatorname{sn} u = \frac{\operatorname{cn}(K-u)}{\operatorname{dn}(K-u)}, \quad K-u = 1{,}15564,$$

$$\operatorname{sn}(2{,}54 \mid 0{,}99) = \frac{\operatorname{cn}(1{,}15564 \mid 0{,}99)}{\operatorname{dn}(1{,}15564 \mid 0{,}99)} = \frac{0{,}57135}{0{,}57721} = 0{,}98985.$$

(6) $\displaystyle\int_0^{0{,}62} \frac{dx}{\sqrt{(1-x^2)\left(1-\dfrac{3}{5}x^2\right)}} = \operatorname{sn}^{-1}(0{,}62 \mid 0{,}6) = 0{,}69949.$

(7) $\displaystyle\int_0^{\pi/6} \frac{d\vartheta}{\sqrt{1-\sin^2\dfrac{\pi}{4}\sin^2\vartheta}} = \operatorname{sn}^{-1}(0{,}5 \mid 0{,}5) = 0{,}53562.$

(8) Gesucht $\wp(0{,}5;\ 16,\ 0)$

e_1, e_2, e_3 sind die Lösungen der Gleichung (s. S. XIV)

$$4x^3 - 16x = 0,$$

$$e_1 = 2, \quad e_2 = 0, \quad e_3 = -2, \quad k^2 = m = \frac{2}{4} = 0{,}5,$$

$$\wp(0{,}5;\ 16,\ 0) = -2 + 4\operatorname{ns}^2(1{,}0 \mid 0{,}5) = -2 + \frac{4}{(0{,}8030)^2} = 4{,}2034.$$

(9) Gesucht $\wp(0{,}2;\ -52,\ -136)$

e_1, e_2, e_3 sind die Lösungen der Gleichung (s. S. XIV)

$$4x^3 + 52x + 136 = 4(x+2)(x^2 - 2x + 17) = 0,$$

$$e_2 = -2, \quad H^2 = 2e_2^2 + \frac{g_3}{4e_2} = 25, \quad m = \frac{1}{2} - \frac{3e_2}{H} = 0{,}8,$$

$$\wp(0{,}2;\ -52,\ -136) = -2 + 5 \cdot \frac{1 + \operatorname{cn}(0{,}894427 \mid 0{,}8)}{1 - \operatorname{cn}(0{,}894427 \mid 0{,}8)}$$

$$= -2 + 5 \cdot \frac{1{,}68641}{0{,}31359} = 24{,}889.$$

Formeln.

$$k^2 = m \qquad m_1 = 1 - m \qquad k'^2 = m_1 = 1 - k^2$$

$$K = \int_0^1 \frac{dx}{\sqrt{(1-x^2)(1-mx^2)}}, \qquad K' = \int_0^1 \frac{dx}{\sqrt{(1-x^2)(1-m_1 x^2)}},$$

$$E = \int_0^1 \sqrt{\frac{1-mx^2}{1-x^2}}\, dx, \qquad E' = \int_0^1 \sqrt{\frac{1-m_1 x^2}{1-x^2}}\, dx$$

$$q = e^{-\pi \frac{K'}{K}}, \quad KE' + K'E - KK' = \tfrac{1}{2}\pi, \quad \log_{10}\tfrac{1}{q}\log_{10}\tfrac{1}{q_1} = 1{\cdot}8615228349$$

$f(u)$	sn u	cn u	dn u
$f(0)$	0	1	1
$f(\tfrac{1}{2}K)$	$\dfrac{1}{\sqrt{1+m_1^{\frac{1}{2}}}}$	$\dfrac{m_1^{\frac{1}{4}}}{\sqrt{1+m_1^{\frac{1}{2}}}}$	$m_1^{\frac{1}{4}}$
$f(K)$	1	0	$m_1^{\frac{1}{2}}$
$f(-u)$	$-$ sn u	cn u	dn u
$f(u+2iK')$	sn u	$-$ cn u	$-$ dn u
$f(u+2K)$	$-$ sn u	$-$ cn u	dn u
$f(2K-u)$	sn u	$-$ cn u	dn u
$f(4K-u)$	$-$ sn u	cn u	dn u
Perioden	$4K,\quad 2iK'$	$4K,\quad 2K+2iK'$	$2K,\quad 4iK'$
Pole	$iK',\quad 2K+iK'$	$iK',\quad 2K+iK'$	$iK',\quad 3iK'$
Residuen	$m^{-\frac{1}{2}},\quad -m^{-\frac{1}{2}}$	$-im^{-\frac{1}{2}},\quad im^{-\frac{1}{2}}$	$-i,\quad i$
Nullstellen	$0,\quad 2K$	$K,\quad 3K$	$K+iK',\ K+3iK'$

$$\operatorname{sn} u = \frac{2\pi}{K\sqrt{m}} \sum_0^\infty \frac{q^{s+\frac{1}{2}}}{1-q^{2s+1}} \sin\left\{\frac{(2s+1)\pi u}{2K}\right\}$$

$$\operatorname{cn} u = \frac{2\pi}{K\sqrt{m}} \sum_0^\infty \frac{q^{s+\frac{1}{2}}}{1+q^{2s+1}} \cos\left\{\frac{(2s+1)\pi u}{2K}\right\}$$

$$\operatorname{dn} u = \frac{\pi}{2K} + \frac{2\pi}{K} \sum_1^\infty \frac{q^s}{1+q^{2s}} \cos\frac{s\pi u}{K}$$

$$\frac{d}{du}\operatorname{sn} u = \operatorname{cn} u \operatorname{dn} u, \quad \frac{d}{du}\operatorname{cn} u = -\operatorname{sn} u \operatorname{cn} u, \quad \frac{d}{du}\operatorname{dn} u = -m \operatorname{sn} u \operatorname{cn} u,$$

$$\operatorname{sn}^2 u + \operatorname{cn}^2 u = 1, \quad \operatorname{dn}^2 u + m \operatorname{sn}^2 u = 1,$$

$$\operatorname{sn} u = \operatorname{cd}(K-u), \quad \operatorname{cn} u = m_1^{\frac{1}{2}} \operatorname{sd}(K-u), \quad \operatorname{dn} u = m_1^{\frac{1}{2}} \operatorname{nd}(K-u),$$

$$\operatorname{sn}(iu|m) = i\operatorname{sc}(u|m_1), \quad \operatorname{cn}(iu|m) = \operatorname{nc}(u|m_1), \quad \operatorname{dn}(iu|m) = \operatorname{dc}(u|m_1),$$

$$\operatorname{sn}(u+iK') = m^{-\frac{1}{2}}\operatorname{ns} u, \quad \operatorname{cn}(u+iK') = -im^{-\frac{1}{2}}\operatorname{ds} u, \quad \operatorname{dn}(u+iK') = -i\operatorname{cs} u,$$

$$\operatorname{sn}(u|0) = \sin u, \quad \operatorname{cn}(u|0) = \cos u, \quad \operatorname{dn}(u|0) = 1,$$

$$\operatorname{sn}(u|1) = \operatorname{Tg} u = \frac{e^{2u}-1}{e^{2u}+1}, \quad \operatorname{cn}(u|1) = \operatorname{dn}(u|1) = \operatorname{Sec} u = \frac{2}{e^u+e^{-u}},$$

$$\operatorname{sn} u = u - (1+m)\frac{u^3}{3!} + (1+14m+m^2)\frac{u^5}{5!} - (1+135m+135m^2+m^3)\frac{u^7}{7!} + \cdots,$$

$$\operatorname{cn} u = 1 - \frac{u^2}{2!} + (1+4m)\frac{u^4}{4!} - (1+44m+16m^2)\frac{u^6}{6!} + \cdots,$$

$$\operatorname{dn} u = 1 - m\frac{u^2}{2!} + m(m+4)\frac{u^4}{4!} - m(m^2+44m+16)\frac{u^6}{6!} + \cdots.$$

Wenn $s = \operatorname{sn} u$, $c = \operatorname{cn} u$, $d = \operatorname{dn} u$

$$\operatorname{sn} 2u = \frac{2s \cdot c \cdot d}{1 - m \cdot s^4}, \quad \operatorname{cn} 2u = \frac{c^2 - s^2 \cdot d^2}{1 - m \cdot s^4}, \quad \operatorname{dn} 2u = \frac{d^2 - m \cdot s^2 \cdot c^2}{1 - m \cdot s^4},$$

$$= \frac{2s \cdot c \cdot d}{c^2 + s^2 \cdot d^2} \quad\quad = \frac{c^2 - s^2 \cdot d^2}{c^2 + s^2 \cdot d^2}, \quad\quad = \frac{d^2 + c^2(d^2-1)}{d^2 - c^2(d^2-1)},$$

$$\operatorname{sn}^2 \tfrac{1}{2}u = \frac{1-\operatorname{cn} u}{1+\operatorname{dn} u}, \quad \operatorname{cn}^2 \tfrac{1}{2}u = \frac{\operatorname{dn} u + \operatorname{cn} u}{1+\operatorname{dn} u}, \quad \operatorname{dn}^2 \tfrac{1}{2}u = \frac{m_1 + \operatorname{dn} u + m \operatorname{cn} u}{1+\operatorname{dn} u}.$$

Additionsformeln.

$$\operatorname{sn}(u|m) = s_1, \quad \operatorname{sn}(u|m_1) = s_1', \quad \operatorname{sn}(v|m) = s_2, \quad \operatorname{sn}(v|m_1) = s_2', \quad \text{usw.}$$

$$\operatorname{sn}(u+v) = \frac{s_1 c_2 d_2 + s_2 c_1 d_1}{1 - m s_1^2 s_2^2}, \quad \operatorname{cn}(u+v) = \frac{c_1 c_2 - s_1 s_2 d_1 d_2}{1 - m s_1^2 s_2^2},$$

$$\operatorname{dn}(u+v) = \frac{d_1 d_2 - m s_1 s_2 c_1 c_2}{1 - m s_1^2 s_2^2},$$

$$\operatorname{sn}(u+iv) = \frac{s_1 d_2' + i c_1 d_1 s_2' c_2'}{c_2'^2 + m s_1^2 s_2'^2}, \quad \operatorname{cn}(u+iv) = \frac{c_1 c_2' - i s_1 d_1 s_2' d_2'}{c_2'^2 + m s_1^2 s_2'^2},$$

$$\operatorname{dn}(u+iv) = \frac{d_1 c_2' d_2' - i m s_1 c_1 s_2'}{c_2'^2 + m s_1^2 s_2'^2},$$

$$\operatorname{sn}(u+v)\operatorname{sn}(u-v) = \frac{s_1^2 - s_2^2}{1 - m s_1^2 s_2^2}, \quad \operatorname{sn}(u+v)\operatorname{cn}(u-v) = \frac{s_1 c_1 d_2 + s_2 c_2 d_1}{1 - m s_1^2 s_2^2},$$

$$\operatorname{sn}(u+v)\operatorname{dn}(u-v) = \frac{s_1 d_1 c_2 + s_2 d_2 c_1}{1 - m s_1^2 s_2^2}, \quad \operatorname{cn}(u+v)\operatorname{cn}(u-v) = \frac{c_1^2 - s_2^2 d_1^2}{1 - m s_1^2 s_2^2},$$

$$\operatorname{cn}(u+v)\operatorname{dn}(u-v) = \frac{c_1 d_1 c_2 d_2 - m_1 s_1 s_2}{1 - m s_1^2 s_2^2}, \quad \operatorname{dn}(u+v)\operatorname{dn}(u-v) = \frac{d_1^2 - m c_1^2 s_2^2}{1 - m s_1^2 s_2^2}.$$

Reziproker Modul.
$$\operatorname{sn}(u\mid m) = m^{-\frac{1}{2}} \operatorname{sn}(u\, m^{\frac{1}{2}} \mid m^{-1}), \qquad \operatorname{cn}(u\mid m) = \operatorname{dn}(u\, m^{\frac{1}{2}} \mid m^{-1}),$$
$$\operatorname{dn}(u\mid m) = \operatorname{cn}(u\, m^{\frac{1}{2}} \mid m^{-1}).$$

Rein imaginärer Modul.
$$\mu = \frac{m}{1+m}, \qquad \mu_1 = \frac{1}{1+m}, \qquad v = u\,\mu_1^{-\frac{1}{2}},$$
$$\operatorname{sn}(u\mid -m) = \mu_1^{\frac{1}{2}} \operatorname{sd}(v\mid \mu), \quad \operatorname{cn}(u\mid -m) = \operatorname{cd}(v\mid \mu), \quad \operatorname{dn}(u\mid -m) = \operatorname{nd}(v\mid \mu)$$

Gaußsche Transformation.
$$\mu = \left(\frac{1-m_1^{\frac{1}{2}}}{m^{\frac{1}{4}}}\right)^4, \qquad v = \frac{u}{1+\mu^{\frac{1}{2}}},$$
$$\operatorname{sn}(u\mid m) = \frac{(1+\mu^{\frac{1}{2}}) \operatorname{sn}(v\mid \mu)}{1+\mu^{\frac{1}{2}} \operatorname{sn}^2(v\mid \mu)}, \qquad \operatorname{cn}(u\mid m) = \frac{\operatorname{cn}(v\mid \mu) \operatorname{dn}(v\mid \mu)}{1+\mu^{\frac{1}{2}} \operatorname{sn}^2(v\mid \mu)},$$
$$\operatorname{dn}(u\mid m) = \frac{1-\mu^{\frac{1}{2}} \operatorname{sn}^2(v\mid \mu)}{1+\mu^{\frac{1}{2}} \operatorname{sn}^2(v\mid \mu)}.$$

Landensche Transformation.
$$\mu = \frac{4\,m^{\frac{1}{2}}}{(1+m^{\frac{1}{2}})^2}, \qquad \mu_1 = \left(\frac{1-m^{\frac{1}{2}}}{1+m^{\frac{1}{2}}}\right)^2, \qquad v = \frac{u}{1+\mu_1^{\frac{1}{2}}},$$
$$\operatorname{sn}(u\mid m) = (1+\mu_1^{\frac{1}{2}}) \frac{\operatorname{sn}(v\mid \mu) \operatorname{cn}(v\mid \mu)}{\operatorname{dn}(v\mid \mu)}, \qquad \operatorname{cn}(u\mid m) = \frac{1-(1+\mu_1^{\frac{1}{2}}) \operatorname{sn}^2(v\mid \mu)}{\operatorname{dn}(v\mid \mu)},$$
$$\operatorname{dn}(u\mid m) = \frac{1-(1-\mu_1^{\frac{1}{2}}) \operatorname{sn}^2(v\mid \mu)}{\operatorname{dn}(v\mid \mu)}.$$

Integrale.

$$\int \operatorname{sn} u\, du = -m^{-\frac{1}{2}} \cosh^{-1}(m_1^{-\frac{1}{2}} \operatorname{dn} u), \qquad \int \operatorname{ns} u\, du = \ln \frac{\operatorname{sn} u}{\operatorname{cn} u + \operatorname{dn} u}$$

$$\int \operatorname{cn} u\, du = m^{-\frac{1}{2}} \cos^{-1}(\operatorname{dn} u), \qquad \int \operatorname{nc} u\, du = m_1^{-\frac{1}{2}} \ln(m_1^{\frac{1}{2}} \operatorname{sc} u + \operatorname{dc} u)$$

$$\int \operatorname{dn} u\, du = \sin^{-1}(\operatorname{sn} u), \qquad \int \operatorname{nd} u\, du = m_1^{-\frac{1}{2}} \tan^{-1}\!\left(\frac{m_1^{\frac{1}{2}} - \operatorname{cs} u}{m_1^{\frac{1}{2}} + \operatorname{cs} u}\right)$$

$$\int \operatorname{dc} u\, du = \tfrac{1}{2} \ln \frac{1+\operatorname{sn} u}{1-\operatorname{sn} u}, \qquad \int \operatorname{sc} u\, du = \tfrac{1}{2} m_1^{-\frac{1}{2}} \ln \frac{\operatorname{dn} u + m_1^{\frac{1}{2}}}{\operatorname{dn} u - m_1^{\frac{1}{2}}}$$

$$\int_0^x \frac{dx}{\sqrt{(1-x^2)(1-m\,x^2)}} = \operatorname{sn}^{-1}(x\mid m), \qquad \int_x^1 \frac{dx}{\sqrt{(1-x^2)(m_1+m\,x^2)}} = \operatorname{cn}^{-1}(x\mid m),$$

$$\int\limits^x \frac{dx}{\sqrt{(1+x^2)(1+m_1 x^2)}} = \mathrm{sc}^{-1}(x \mid m), \qquad \int\limits_x^1 \frac{dx}{\sqrt{(1-x^2)(x^2-m_1)}} = \mathrm{dn}^{-1}(x \mid m),$$

$$a > b, \qquad c^2 = a^2 + b^2, \qquad c_1^2 = a^2 - b^2,$$

$$\int\limits^x \frac{dx}{\sqrt{(a^2-x^2)(b^2-x^2)}} = \frac{1}{a}\,\mathrm{sn}^{-1}\!\left(\frac{x}{b}\,\Big|\,\frac{b^2}{a^2}\right), \qquad \int\limits_x^\infty \frac{dx}{\sqrt{(x^2-a^2)(x^2-b^2)}} = \frac{1}{a}\,\mathrm{sn}^{-1}\!\left(\frac{a}{x}\,\Big|\,\frac{b^2}{a^2}\right),$$

$$\int\limits^b \frac{dx}{\sqrt{(a^2+x^2)(b^2-x^2)}} = \frac{1}{c}\,\mathrm{cn}^{-1}\!\left(\frac{x}{b}\,\Big|\,\frac{b^2}{c^2}\right), \qquad \int\limits_b^x \frac{dx}{\sqrt{(a^2+x^2)(x^2-b^2)}} = \frac{1}{c}\,\mathrm{cn}^{-1}\!\left(\frac{b}{x}\,\Big|\,\frac{a^2}{c^2}\right),$$

$$\int\limits^x \frac{dx}{\sqrt{(x^2+a^2)(x^2+b^2)}} = \frac{1}{a}\,\mathrm{sc}^{-1}\!\left(\frac{x}{b}\,\Big|\,\frac{c_1^2}{a^2}\right), \qquad \int\limits_x^a \frac{dx}{\sqrt{(a^2-x^2)(x^2-b^2)}} = \frac{1}{a}\,\mathrm{dn}^{-1}\!\left(\frac{x}{a}\,\Big|\,\frac{c_1^2}{a^2}\right),$$

$$X = (x-\alpha)(x-\beta)(x-\gamma), \quad \alpha > \beta > \gamma, \quad \lambda = \frac{2}{\sqrt{\alpha-\gamma}}, \quad m = \frac{\beta-\gamma}{\alpha-\gamma}, \quad m_1 = \frac{\alpha-\beta}{\alpha-\gamma},$$

$$\int\limits_x^\infty \frac{dx}{\sqrt{X}} = \lambda\,\mathrm{sn}^{-1}\!\left(\sqrt{\frac{\alpha-\gamma}{x-\gamma}}\,\bigg|\,m\right), \qquad \int\limits_{-\infty}^x \frac{dx}{\sqrt{-X}} = \lambda\,\mathrm{sn}^{-1}\!\left(\sqrt{\frac{\alpha-\gamma}{\alpha-x}}\,\bigg|\,m_1\right),$$

$$\int\limits_\alpha^x \frac{dx}{\sqrt{X}} = \lambda\,\mathrm{cn}^{-1}\!\left(\sqrt{\frac{\alpha-\beta}{x-\beta}}\,\bigg|\,m\right), \qquad \int\limits_x^\alpha \frac{dx}{\sqrt{-X}} = \lambda\,\mathrm{sn}^{-1}\!\left(\sqrt{\frac{\alpha-x}{\alpha-\beta}}\,\bigg|\,m_1\right),$$

$$\int\limits_x^\beta \frac{dx}{\sqrt{X}} = \lambda\,\mathrm{dn}^{-1}\!\left(\sqrt{\frac{\alpha-\beta}{\alpha-x}}\,\bigg|\,m\right), \qquad \int\limits_\beta^x \frac{dx}{\sqrt{-X}} = \lambda\,\mathrm{dn}^{-1}\!\left(\sqrt{\frac{\beta-\gamma}{x-\gamma}}\,\bigg|\,m_1\right),$$

$$\int\limits_\gamma^x \frac{dx}{\sqrt{X}} = \lambda\,\mathrm{sn}^{-1}\!\left(\sqrt{\frac{x-\gamma}{\beta-\gamma}}\,\bigg|\,m\right), \qquad \int\limits_x^\gamma \frac{dx}{\sqrt{-X}} = \lambda\,\mathrm{cn}^{-1}\!\left(\sqrt{\frac{\beta-\gamma}{\beta-x}}\,\bigg|\,m_1\right),$$

$$X = (x-\alpha)(x^2 - 2bx + c), \qquad c - b^2 > 0, \qquad H^2 = \alpha^2 - 2b\alpha + c,$$
$$m = \frac{H + b - \alpha}{2H}, \qquad m_1 = \frac{H - b + \alpha}{2H},$$

$$\int\limits_x^\infty \frac{dx}{\sqrt{X}} = \frac{1}{\sqrt{H}}\,\mathrm{cn}^{-1}\!\left(\frac{x-\alpha-H}{x-\alpha+H}\,\bigg|\,m\right), \qquad \int\limits_{-\infty}^x \frac{dx}{\sqrt{-X}} = \frac{1}{\sqrt{H}}\,\mathrm{cn}^{-1}\!\left(\frac{\alpha-H-x}{\alpha+H-x}\,\bigg|\,m_1\right),$$

$$\int\limits_\alpha^x \frac{dx}{\sqrt{H}} = \frac{1}{\sqrt{H}}\,\mathrm{cn}^{-1}\!\left(\frac{H+\alpha-x}{H-\alpha+x}\,\bigg|\,m\right), \qquad \int\limits_x^\alpha \frac{dx}{\sqrt{-X}} = \frac{1}{\sqrt{H}}\,\mathrm{cn}^{-1}\!\left(\frac{H-\alpha+x}{H+\alpha-x}\,\bigg|\,m_1\right),$$

Die Weierstraßsche $\wp$-Funktion.

$$4x^3 - g_2 x - g_3 = 4(x-e_1)(x-e_2)(x-e_3), \qquad \Delta = g_2^3 - 27 g_3^2,$$

$$u = \wp^{-1} x = \int_x^\infty \frac{dx}{\sqrt{4x^3 - g_2 x - g_3}}, \qquad x = \wp(u; g_2, g_3),$$

$$\wp(u; g_2, g_3) = \lambda \wp(u\sqrt{\lambda}; g_2 \lambda^{-2}, g_3 \lambda^{-3}), \qquad \wp'^2 u = 4\wp^3 u - g_2 \wp u - g_3,$$

$$\wp(u+v) + \wp u + \wp v = \tfrac{1}{4}\left[\frac{\wp' u - \wp' v}{\wp u - \wp v}\right]^2.$$

Ausartungen.

(I) $g_2 = 3 e_1^2, \qquad g_3 = e_1^3, \qquad \Delta = 0, \qquad e_2 = e_3 = -\tfrac{1}{2} e_1,$

$$\omega_1 = \frac{\pi}{\sqrt{6 e_1}}, \quad \frac{\omega_2}{i} = \infty, \quad \wp u = -\frac{\pi^2}{12 \omega_1^2} + \left(\frac{\dfrac{\pi}{2\omega_1}}{\sin \dfrac{\pi u}{2\omega_1}}\right)^2, \quad K = \tfrac{1}{2}\pi, \quad K' = \infty$$

(II) $g_2 = 3 e_3^2, \qquad g_3 = e_3^3, \qquad \Delta = 0, \qquad e_1 = e_2 = -\tfrac{1}{2} e_3,$

$$\omega_1 = \infty, \quad \omega_2 = \frac{i\pi}{\sqrt{12 e_1}}, \quad \wp u = -2 e_1 + \frac{3 e_1}{\mathfrak{Tg}^2(u\sqrt{3 e_1})}, \quad K = \infty, \quad K' = \tfrac{1}{2}\pi$$

Positive Diskriminante.

$$\Delta > 0, \qquad e_1 > e_2 > e_3, \qquad k^2 = m = \frac{e_2 - e_3}{e_1 - e_3},$$

$$\wp u = e_3 + (e_1 - e_3)\,\text{ns}^2(u\sqrt{e_1 - e_3}),$$

$$\wp' u = -2(e_1 - e_3)^{\frac{3}{2}} \text{cn}(u\sqrt{e_1 - e_3})\,\text{dn}(u\sqrt{e_1 - e_3})\,\text{ns}^3(u\sqrt{e_1 - e_3}).$$

$$\omega_1 = \frac{K}{\sqrt{e_1 - e_3}}, \quad \omega_2 = \frac{iK'}{\sqrt{e_1 - e_3}}, \quad \eta_1 = \sqrt{e_1 - e_3}\left(E - \frac{e_1}{e_1 - e_3} K\right),$$

$$\eta_2 = -i\sqrt{e_1 - e_3}\left(E' + \frac{e_3}{e_1 - e_3} K'\right).$$

Negative Diskriminante.

$$\Delta < 0, \quad e_2 \text{ reel}, \quad H^2 = (e_2 - e_1)(e_2 - e_3) = 2 e_2^2 + \frac{g_3}{4 e_2}, \quad k^2 = m = \frac{1}{2} - \frac{3 e_2}{4 H}$$

$$\wp u = e_2 + H\,\frac{1 + \text{cn}(2u\sqrt{H})}{1 - \text{cn}(2u\sqrt{H})},$$

$$\wp' u = -\frac{4 H^{\frac{3}{2}} \text{sn}(2u\sqrt{H})\,\text{dn}(2u\sqrt{H})}{[1 - \text{cn}(2u\sqrt{H})]^2}.$$

Reele Halbperiode $\omega_1' = \dfrac{K}{\sqrt{H}}$. $\qquad$ Rein imaginäre Halbperiode $\omega_1'' = \dfrac{iK'}{\sqrt{H}}$.

Tafel der elliptischen Funktion
sn $(u|m)$
nach Werten von $m = k^2$

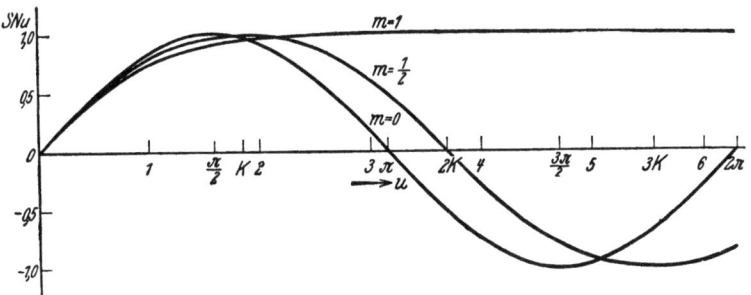

0·00 − 0·25

m	0·0	0·1	0·2	0·3	0·4
u	sn u	sn u	sn u	sn u	sn u
0·00	00000 $_{1000}$	00000 $_{1000}$	00000 $_{1000}$	00000 $_{1000}$	00000 $_{1000}$
·01	01000 $_{1000}$	01000 $_{1000}$	01000 $_{1000}$	01000 $_{1000}$	01000 $_{1000}$
·02	02000 $_{1000}$	02000 $_{1000}$	02000 $_{999}$	02000 $_{999}$	02000 $_{999}$
·03	03000 $_{999}$	03000 $_{999}$	02999 $_{1000}$	02999 $_{1000}$	02999 $_{1000}$
·04	03999 $_{999}$	03999 $_{999}$	03999 $_{999}$	03999 $_{998}$	03999 $_{998}$
·05	04998 $_{998}$	04998 $_{998}$	04998 $_{998}$	04997 $_{998}$	04997 $_{998}$
·06	05996 $_{998}$	05996 $_{998}$	05996 $_{997}$	05995 $_{998}$	05995 $_{997}$
·07	06994 $_{997}$	06994 $_{997}$	06993 $_{997}$	06993 $_{996}$	06992 $_{996}$
·08	07991 $_{997}$	07991 $_{996}$	07990 $_{995}$	07989 $_{995}$	07988 $_{995}$
·09	08988 $_{995}$	08987 $_{995}$	08985 $_{995}$	08984 $_{994}$	08983 $_{994}$
·10	09983 $_{995}$	09982 $_{994}$	09980 $_{993}$	09978 $_{993}$	09977 $_{992}$
·11	10978 $_{993}$	10976 $_{992}$	10973 $_{993}$	10971 $_{992}$	10969 $_{991}$
·12	11971 $_{992}$	11968 $_{992}$	11966 $_{990}$	11963 $_{990}$	11960 $_{989}$
·13	12963 $_{991}$	12960 $_{990}$	12956 $_{989}$	12953 $_{988}$	12949 $_{987}$
·14	13954 $_{990}$	13950 $_{988}$	13945 $_{988}$	13941 $_{986}$	13936 $_{986}$
·15	14944 $_{988}$	14938 $_{987}$	14933 $_{985}$	14927 $_{985}$	14922 $_{983}$
·16	15932 $_{986}$	15925 $_{985}$	15918 $_{984}$	15912 $_{982}$	15905 $_{981}$
·17	16918 $_{985}$	16910 $_{983}$	16902 $_{982}$	16894 $_{980}$	16886 $_{979}$
·18	17903 $_{983}$	17893 $_{982}$	17884 $_{980}$	17874 $_{978}$	17865 $_{976}$
·19	18886 $_{981}$	18875 $_{979}$	18864 $_{977}$	18852 $_{976}$	18841 $_{974}$
·20	19867 $_{979}$	19854 $_{977}$	19841 $_{975}$	19828 $_{973}$	19815 $_{971}$
·21	20846 $_{977}$	20831 $_{975}$	20816 $_{973}$	20801 $_{971}$	20786 $_{968}$
·22	21823 $_{975}$	21806 $_{972}$	21789 $_{970}$	21772 $_{967}$	21754 $_{966}$
·23	22798 $_{972}$	22778 $_{970}$	22759 $_{967}$	22739 $_{965}$	22720 $_{962}$
·24	23770 $_{970}$	23748 $_{967}$	23726 $_{965}$	23704 $_{962}$	23682 $_{959}$
·25	24740	24715	24691	24666	24641
K	1·57080	1·61244	1·65962	1·71389	1·77752

0·00 – 0·25

0·5	0·6	0·7	0·8	0·9	1·0
sn u	sn u	sn u	sn u	sn u	sn u
00000 $_{1000}$	00000 $_{1000}$	00000 $_{1000}$	00000 $_{1000}$	00000 $_{1000}$	00000 $_{1000}$
01000 $_{1000}$	01000 $_{1000}$	01000 $_{1000}$	01000 $_{1000}$	01000 $_{1000}$	01000 $_{1000}$
02000 $_{999}$	02000 $_{999}$	02000 $_{999}$	02000 $_{999}$	02000 $_{999}$	02000 $_{999}$
02999 $_{999}$	02999 $_{999}$	02999 $_{999}$	02999 $_{999}$	02999 $_{999}$	02999 $_{999}$
03998 $_{999}$	03998 $_{999}$	03998 $_{998}$	03998 $_{998}$	03998 $_{998}$	03998 $_{998}$
04997 $_{998}$	04997 $_{997}$	04996 $_{998}$	04996 $_{998}$	04996 $_{997}$	04996 $_{997}$
05995 $_{996}$	05994 $_{997}$	05994 $_{996}$	05994 $_{996}$	05993 $_{996}$	05993 $_{996}$
06991 $_{996}$	06991 $_{995}$	06990 $_{996}$	06990 $_{995}$	06989 $_{995}$	06989 $_{994}$
07987 $_{995}$	07986 $_{995}$	07986 $_{993}$	07985 $_{993}$	07984 $_{993}$	07983 $_{993}$
08982 $_{993}$	08981 $_{992}$	08979 $_{993}$	08978 $_{992}$	08977 $_{991}$	08976 $_{991}$
09975	09973	09972	09970	09968	09967
10967 $_{992}$	10965 $_{992}$	10962 $_{990}$	10960 $_{990}$	10958 $_{990}$	10956 $_{989}$
11957 $_{990}$	11954 $_{989}$	11951 $_{989}$	11948 $_{988}$	11946 $_{988}$	11943 $_{987}$
12945 $_{988}$	12942 $_{988}$	12938 $_{987}$	12934 $_{986}$	12931 $_{985}$	12927 $_{984}$
13932 $_{987}$	13927 $_{985}$	13923 $_{985}$	13918 $_{984}$	13914 $_{983}$	13909 $_{982}$
$_{984}$	$_{984}$	$_{982}$	$_{982}$	$_{980}$	$_{980}$
14916	14911	14905	14900	14894	14889
15898 $_{982}$	15892 $_{981}$	15885 $_{980}$	15878 $_{978}$	15872 $_{978}$	15865 $_{976}$
16878 $_{980}$	16870 $_{978}$	16862 $_{977}$	16854 $_{976}$	16846 $_{974}$	16838 $_{973}$
17855 $_{977}$	17846 $_{976}$	17837 $_{975}$	17827 $_{973}$	17818 $_{972}$	17808 $_{970}$
18830 $_{975}$	18819 $_{973}$	18808 $_{971}$	18797 $_{970}$	18786 $_{968}$	18775 $_{967}$
$_{972}$	$_{970}$	$_{968}$	$_{966}$	$_{964}$	$_{963}$
19802	19789	19776	19763	19750	19738
20771 $_{969}$	20756 $_{967}$	20741 $_{965}$	20726 $_{963}$	20712 $_{962}$	20697 $_{959}$
21737 $_{966}$	21720 $_{964}$	21703 $_{962}$	21686 $_{960}$	21669 $_{957}$	21652 $_{955}$
22700 $_{963}$	22681 $_{961}$	22661 $_{958}$	22642 $_{956}$	22622 $_{953}$	22603 $_{951}$
23660 $_{960}$	23638 $_{957}$	23616 $_{955}$	23594 $_{952}$	23572 $_{950}$	23550 $_{947}$
$_{956}$	$_{953}$	$_{950}$	$_{947}$	$_{945}$	$_{942}$
24616	24591	24566	24541	24517	24492
1·85407	1·94957	2·07536	2·25721	2·57809	

0·25 – 0·50

m	0·0	0·1	0·2	0·3	0·4
u	sn u	sn u	sn u	sn u	sn u
0·25	24740$_{968}$	24715$_{965}$	24691$_{961}$	24666$_{958}$	24641$_{955}$
·26	25708$_{965}$	25680$_{962}$	25652$_{959}$	25624$_{956}$	25596$_{953}$
·27	26673$_{963}$	26642$_{959}$	26611$_{955}$	26580$_{952}$	26549$_{948}$
·28	27636$_{959}$	27601$_{956}$	27566$_{953}$	27532$_{948}$	27497$_{945}$
·29	28595$_{957}$	28557$_{953}$	28519$_{949}$	28480$_{945}$	28442$_{941}$
·30	29552$_{954}$	29510$_{949}$	29468$_{945}$	29425$_{942}$	29383$_{938}$
·31	30506$_{951}$	30459$_{947}$	30413$_{942}$	30367$_{937}$	30321$_{933}$
·32	31457$_{947}$	31406$_{943}$	31355$_{939}$	31304$_{934}$	31254$_{929}$
·33	32404$_{945}$	32349$_{939}$	32294$_{934}$	32238$_{930}$	32183$_{925}$
·34	33349$_{941}$	33288$_{936}$	33228$_{931}$	33168$_{926}$	33108$_{920}$
·35	34290$_{937}$	34224$_{933}$	34159$_{927}$	34094$_{921}$	34028$_{916}$
·36	35227$_{935}$	35157$_{928}$	35086$_{923}$	35015$_{917}$	34944$_{912}$
·37	36162$_{930}$	36085$_{925}$	36009$_{918}$	35932$_{913}$	35856$_{907}$
·38	37092$_{927}$	37010$_{920}$	36927$_{915}$	36845$_{908}$	36763$_{902}$
·39	38019$_{923}$	37930$_{917}$	37842$_{910}$	37753$_{904}$	37665$_{897}$
·40	38942$_{919}$	38847$_{912}$	38752$_{905}$	38657$_{899}$	38562$_{892}$
·41	39861$_{915}$	39759$_{908}$	39657$_{902}$	39556$_{894}$	39454$_{888}$
·42	40776$_{911}$	40667$_{904}$	40559$_{896}$	40450$_{889}$	40342$_{882}$
·43	41687$_{907}$	41571$_{899}$	41455$_{892}$	41339$_{885}$	41224$_{877}$
·44	42594$_{903}$	42470$_{895}$	42347$_{887}$	42224$_{879}$	42101$_{871}$
·45	43497$_{898}$	43365$_{891}$	43234$_{882}$	43103$_{874}$	42972$_{867}$
·46	44395$_{894}$	44256$_{885}$	44116$_{878}$	43977$_{869}$	43839$_{860}$
·47	45289$_{889}$	45141$_{881}$	44994$_{872}$	44846$_{864}$	44699$_{856}$
·48	46178$_{885}$	46022$_{876}$	45866$_{867}$	45710$_{859}$	45555$_{849}$
·49	47063$_{880}$	46898$_{871}$	46733$_{862}$	46569$_{853}$	46404$_{844}$
·50	47943	47769	47595	47422	47248
K	1·57080	1·61244	1·65962	1·71389	1·77752

0·25 – 0·50

0·5	0·6	0·7	0·8	0·9	1·0
sn u	sn u	sn u	sn u	sn u	sn u
24616$_{953}$	24591$_{950}$	24566$_{947}$	24541$_{944}$	24517$_{940}$	24492$_{938}$
25569$_{949}$	25541$_{946}$	25513$_{942}$	25485$_{939}$	25457$_{936}$	25430$_{932}$
26518$_{945}$	26487$_{941}$	26455$_{939}$	26424$_{935}$	26393$_{932}$	26362$_{929}$
27463$_{941}$	27428$_{938}$	27394$_{934}$	27359$_{931}$	27325$_{927}$	27291$_{922}$
28404$_{937}$	28366$_{933}$	28328$_{929}$	28290$_{925}$	28252$_{921}$	28213$_{918}$
29341$_{933}$	29299$_{929}$	29257$_{925}$	29215$_{921}$	29173$_{917}$	29131$_{913}$
30274$_{929}$	30228$_{925}$	30182$_{920}$	30136$_{916}$	30090$_{911}$	30044$_{907}$
31203$_{925}$	31153$_{919}$	31102$_{915}$	31052$_{910}$	31001$_{906}$	30951$_{901}$
32128$_{920}$	32072$_{916}$	32017$_{911}$	31962$_{906}$	31907$_{901}$	31852$_{896}$
33048$_{915}$	32988$_{910}$	32928$_{905}$	32868$_{900}$	32808$_{895}$	32748$_{890}$
33963$_{911}$	33898$_{905}$	33833$_{900}$	33768$_{894}$	33703$_{889}$	33638$_{883}$
34874$_{905}$	34803$_{900}$	34733$_{894}$	34662$_{889}$	34592$_{883}$	34521$_{878}$
35779$_{901}$	35703$_{895}$	35627$_{889}$	35551$_{883}$	35475$_{878}$	35399$_{872}$
36680$_{896}$	36598$_{890}$	36516$_{884}$	36434$_{878}$	36353$_{871}$	36271$_{865}$
37576$_{891}$	37488$_{885}$	37400$_{878}$	37312$_{872}$	37224$_{865}$	37136$_{859}$
38467$_{886}$	38373$_{879}$	38278$_{872}$	38184$_{865}$	38089$_{859}$	37995$_{852}$
39353$_{880}$	39252$_{873}$	39150$_{867}$	39049$_{860}$	38948$_{853}$	38847$_{846}$
40233$_{875}$	40125$_{868}$	40017$_{860}$	39909$_{853}$	39801$_{846}$	39693$_{839}$
41108$_{870}$	40993$_{862}$	40877$_{855}$	40762$_{847}$	40647$_{840}$	40532$_{832}$
41978$_{864}$	41855$_{856}$	41732$_{849}$	41609$_{841}$	41487$_{833}$	41364$_{826}$
42842$_{858}$	42711$_{850}$	42581$_{842}$	42450$_{835}$	42320$_{826}$	42190$_{818}$
43700$_{852}$	43561$_{845}$	43423$_{836}$	43285$_{827}$	43146$_{820}$	43008$_{812}$
44552$_{847}$	44406$_{838}$	44259$_{830}$	44112$_{822}$	43966$_{813}$	43820$_{804}$
45399$_{841}$	45244$_{832}$	45089$_{823}$	44934$_{815}$	44779$_{806}$	44624$_{798}$
46240$_{835}$	46076$_{826}$	45912$_{817}$	45749$_{808}$	45585$_{799}$	45422$_{790}$
47075	46902	46729	46557	46384	46212
1·85407	1·94957	2·07536	2·25721	2·57809	

0·50 − 0·75

m	0·0	0·1	0·2	0·3	0·4
u	sn u	sn u	sn u	sn u	sn u
0·50	47943_{875}	47769_{866}	47595_{857}	47422_{847}	47248_{838}
·51	48818_{870}	48635_{860}	48452_{851}	48269_{842}	48086_{833}
·52	49688_{865}	49495_{856}	49303_{846}	49111_{836}	48919_{826}
·53	50553_{861}	50351_{850}	50149_{840}	49947_{830}	49745_{821}
·54	51414_{855}	51201_{845}	50989_{835}	50777_{825}	50566_{814}
·55	52269_{850}	52046_{840}	51824_{829}	51602_{819}	51380_{808}
·56	53119_{844}	52886_{834}	52653_{823}	52421_{812}	52188_{802}
·57	53963_{839}	53720_{828}	53476_{818}	53233_{807}	52990_{796}
·58	54802_{834}	54548_{823}	54294_{812}	54040_{801}	53786_{790}
·59	55636_{828}	55371_{817}	55106_{806}	54841_{794}	54576_{783}
·60	56464_{823}	56188_{811}	55912_{799}	55635_{789}	55359_{777}
·61	57287_{817}	56999_{805}	56711_{794}	56424_{782}	56136_{770}
·62	58104_{810}	57804_{799}	57505_{787}	57206_{775}	56906_{764}
·63	58914_{806}	58603_{794}	58292_{782}	57981_{770}	57670_{758}
·64	59720_{799}	59397_{787}	59074_{775}	58751_{763}	58428_{751}
·65	60519_{793}	60184_{781}	59849_{769}	59514_{756}	59179_{744}
·66	61312_{787}	60965_{774}	60618_{762}	60270_{750}	59923_{737}
·67	62099_{780}	61739_{769}	61380_{756}	61020_{744}	60660_{731}
·68	62879_{775}	62508_{762}	62136_{749}	61764_{736}	61391_{724}
·69	63654_{768}	63270_{755}	62885_{743}	62500_{730}	62115_{717}
·70	64422_{761}	64025_{749}	63628_{736}	63230_{724}	62832_{711}
·71	65183_{755}	64774_{743}	64364_{730}	63954_{717}	63543_{704}
·72	65938_{749}	65517_{735}	65094_{723}	64671_{709}	64247_{696}
·73	66687_{742}	66252_{729}	65817_{716}	65380_{704}	64943_{690}
·74	67429_{735}	66981_{723}	66533_{709}	66084_{696}	65633_{683}
·75	68164	67704	67242	66780	66316
K	1·57080	1·61244	1·65962	1·71389	1·77752

0·50 — 0·75

0·5	0·6	0·7	0·8	0·9	1·0
sn u	sn u	sn u	sn u	sn u	sn u
47075_{829}	46902_{820}	46729_{811}	46557_{801}	46384_{792}	46212_{783}
47904_{823}	47722_{813}	47540_{804}	47358_{794}	47176_{785}	46995_{775}
48727_{817}	48535_{807}	48344_{797}	48152_{788}	47961_{778}	47770_{768}
49544_{810}	49342_{801}	49141_{790}	48940_{780}	48739_{770}	48538_{761}
50354_{804}	50143_{794}	49931_{784}	49720_{774}	49509_{764}	49299_{753}
51158_{798}	50937_{787}	50715_{777}	50494_{767}	50273_{756}	50052_{746}
51956_{792}	51724_{781}	51492_{770}	51261_{759}	51029_{749}	50798_{738}
52748_{785}	52505_{774}	52262_{764}	52020_{752}	51778_{741}	51536_{731}
53533_{778}	53279_{768}	53026_{756}	52772_{746}	52519_{735}	52267_{723}
54311_{772}	54047_{760}	53782_{749}	53518_{738}	53254_{726}	52990_{715}
55083_{766}	54807_{754}	54531_{743}	54256_{731}	53980_{720}	53705_{708}
55849_{758}	55561_{747}	55274_{735}	54987_{723}	54700_{711}	54413_{700}
56607_{752}	56308_{740}	56009_{729}	55710_{717}	55411_{705}	55113_{692}
57359_{746}	57048_{734}	56738_{721}	56427_{709}	56116_{697}	55805_{685}
58105_{738}	57782_{726}	57459_{714}	57136_{702}	56813_{689}	56490_{677}
58843_{732}	58508_{720}	58173_{707}	57838_{694}	57502_{682}	57167_{669}
59575_{725}	59228_{712}	58880_{700}	58532_{687}	58184_{675}	57836_{662}
60300_{718}	59940_{705}	59580_{692}	59219_{680}	58859_{667}	58498_{654}
61018_{712}	60645_{699}	60272_{686}	59899_{672}	59526_{659}	59152_{646}
61730_{704}	61344_{691}	60958_{678}	60571_{666}	60185_{652}	59798_{639}
62434_{697}	62035_{684}	61636_{671}	61237_{657}	60837_{644}	60437_{631}
63131_{691}	62719_{678}	62307_{664}	61894_{651}	61481_{637}	61068_{623}
63822_{683}	63397_{670}	62971_{657}	62545_{643}	62118_{629}	61691_{616}
64505_{677}	64067_{663}	63628_{649}	63188_{636}	62747_{622}	62307_{608}
65182_{669}	64730_{656}	64277_{642}	63824_{628}	63369_{615}	62915_{600}
65851	65386	64919	64452	63984	63515
$1·85407$	$1·94957$	$2·07536$	$2·25721$	$2·57809$	

$0{\cdot}75-1{\cdot}00$

m	$0{\cdot}0$	$0{\cdot}1$	$0{\cdot}2$	$0{\cdot}3$	$0{\cdot}4$
u	sn u	sn u	sn u	sn u	sn u
$0{\cdot}75$	68164_{728}	67704_{715}	67242_{703}	66780_{689}	66316_{676}
$\cdot 76$	68892_{722}	68419_{709}	67945_{695}	67469_{682}	66992_{669}
$\cdot 77$	69614_{714}	69128_{701}	68640_{689}	68151_{676}	67661_{662}
$\cdot 78$	70328_{707}	69829_{695}	69329_{682}	68827_{668}	68323_{655}
$\cdot 79$	71035_{701}	70524_{688}	70011_{674}	69495_{662}	68978_{648}
$\cdot 80$	71736_{693}	71212_{680}	70685_{668}	70157_{654}	69626_{641}
$\cdot 81$	72429_{686}	71892_{673}	71353_{660}	70811_{647}	70267_{634}
$\cdot 82$	73115_{678}	72565_{666}	72013_{653}	71458_{641}	70901_{627}
$\cdot 83$	73793_{671}	73231_{659}	72666_{647}	72099_{633}	71528_{619}
$\cdot 84$	74464_{664}	73890_{652}	73313_{638}	72732_{626}	72147_{613}
$\cdot 85$	75128_{656}	74542_{644}	73951_{632}	73358_{618}	72760_{605}
$\cdot 86$	75784_{649}	75186_{637}	74583_{624}	73976_{612}	73365_{599}
$\cdot 87$	76433_{641}	75823_{629}	75207_{617}	74588_{604}	73964_{591}
$\cdot 88$	77074_{633}	76452_{621}	75824_{610}	75192_{597}	74555_{584}
$\cdot 89$	77707_{626}	77073_{615}	76434_{602}	75789_{590}	75139_{577}
$\cdot 90$	78333_{617}	77688_{606}	77036_{595}	76379_{583}	75716_{570}
$\cdot 91$	78950_{610}	78294_{599}	77631_{588}	76962_{575}	76286_{563}
$\cdot 92$	79560_{602}	78893_{591}	78219_{580}	77537_{568}	76849_{556}
$\cdot 93$	80162_{594}	79484_{584}	78799_{572}	78105_{561}	77405_{548}
$\cdot 94$	80756_{586}	80068_{575}	79371_{565}	78666_{554}	77953_{541}
$\cdot 95$	81342_{577}	80643_{568}	79936_{557}	79220_{546}	78494_{535}
$\cdot 96$	81919_{570}	81211_{560}	80493_{550}	79766_{539}	79029_{527}
$\cdot 97$	82489_{561}	81771_{552}	81043_{542}	80305_{531}	79556_{520}
$\cdot 98$	83050_{553}	82323_{544}	81585_{535}	80836_{524}	80076_{513}
$\cdot 99$	83603_{544}	82867_{537}	82120_{527}	81360_{517}	80589_{506}
$1{\cdot}00$	84147	83404	82647	81877	81095
K	$1{\cdot}57080$	$1{\cdot}61244$	$1{\cdot}65962$	$1{\cdot}71389$	$1{\cdot}77752$

0·75 — 1·00

0·5	0·6	0·7	0·8	0·9	1·0
sn u	sn u	sn u	sn u	sn u	sn u
65851$_{663}$	65386$_{649}$	64919$_{635}$	64452$_{621}$	63984$_{607}$	63515$_{593}$
66514$_{655}$	66035$_{641}$	65554$_{628}$	65073$_{614}$	64591$_{599}$	64108$_{585}$
67169$_{649}$	66676$_{635}$	66182$_{621}$	65687$_{606}$	65190$_{593}$	64693$_{578}$
67818$_{641}$	67311$_{628}$	66803$_{613}$	66293$_{600}$	65783$_{584}$	65271$_{570}$
68459$_{634}$	67939$_{620}$	67416$_{607}$	66893$_{592}$	66367$_{578}$	65841$_{563}$
69093$_{628}$	68559$_{613}$	68023$_{599}$	67485$_{584}$	66945$_{570}$	66404$_{555}$
69721$_{620}$	69172$_{606}$	68622$_{592}$	68069$_{578}$	67515$_{563}$	66959$_{548}$
70341$_{613}$	69778$_{600}$	69214$_{585}$	68647$_{570}$	68078$_{556}$	67507$_{541}$
70954$_{606}$	70378$_{592}$	69799$_{577}$	69217$_{563}$	68634$_{548}$	68048$_{533}$
71560$_{599}$	70970$_{585}$	70376$_{571}$	69780$_{557}$	69182$_{541}$	68581$_{526}$
72159$_{592}$	71555$_{578}$	70947$_{564}$	70337$_{549}$	69723$_{534}$	69107$_{519}$
72751$_{585}$	72133$_{570}$	71511$_{556}$	70886$_{542}$	70257$_{527}$	69626$_{511}$
73336$_{577}$	72703$_{564}$	72067$_{550}$	71428$_{534}$	70784$_{520}$	70137$_{505}$
73913$_{571}$	73267$_{557}$	72617$_{542}$	71962$_{528}$	71304$_{513}$	70642$_{497}$
74484$_{564}$	73824$_{550}$	73159$_{536}$	72490$_{521}$	71817$_{506}$	71139$_{491}$
75048$_{556}$	74374$_{543}$	73695$_{529}$	73011$_{514}$	72323$_{499}$	71630$_{483}$
75604$_{550}$	74917$_{536}$	74224$_{522}$	73525$_{508}$	72822$_{492}$	72113$_{477}$
76154$_{543}$	75453$_{529}$	74746$_{515}$	74033$_{500}$	73314$_{485}$	72590$_{469}$
76697$_{535}$	75982$_{522}$	75261$_{508}$	74533$_{493}$	73799$_{479}$	73059$_{463}$
77232$_{529}$	76504$_{515}$	75769$_{501}$	75026$_{487}$	74278$_{471}$	73522$_{456}$
77761$_{522}$	77019$_{509}$	76270$_{495}$	75513$_{480}$	74749$_{465}$	73978$_{450}$
78283$_{514}$	77528$_{502}$	76765$_{488}$	75993$_{474}$	75214$_{459}$	74428$_{442}$
78797$_{508}$	78030$_{494}$	77253$_{481}$	76467$_{467}$	75673$_{451}$	74870$_{437}$
79305$_{501}$	78524$_{488}$	77734$_{474}$	76934$_{460}$	76124$_{446}$	75307$_{429}$
79806$_{494}$	79012$_{482}$	78208$_{468}$	77394$_{454}$	76570$_{439}$	75736$_{423}$
80300	79494.	78676	77848	77009	76159
1·85407	1·94957	2·07536	2·25721	2·57809	

1·00 – 1·25

m	0·0	0·1	0·2	0·3	0·4
u	sn u	sn u	sn u	sn u	sn u
1·00	84147$_{536}$	83404$_{528}$	82647$_{519}$	81877$_{510}$	81095$_{498}$
1·01	84683$_{528}$	83932$_{520}$	83166$_{512}$	82387$_{502}$	81593$_{492}$
1·02	85211$_{519}$	84452$_{512}$	83678$_{504}$	82889$_{494}$	82085$_{485}$
1·03	85730$_{510}$	84964$_{504}$	84182$_{496}$	83383$_{488}$	82570$_{477}$
1·04	86240$_{502}$	85468$_{496}$	84678$_{488}$	83871$_{480}$	83047$_{471}$
1·05	86742$_{494}$	85964$_{487}$	85166$_{481}$	84351$_{473}$	83518$_{463}$
1·06	87236$_{484}$	86451$_{480}$	85647$_{473}$	84824$_{465}$	83981$_{457}$
1·07	87720$_{476}$	86931$_{471}$	86120$_{465}$	85289$_{458}$	84438$_{449}$
1·08	88196$_{467}$	87402$_{462}$	86585$_{457}$	85747$_{450}$	84887$_{443}$
1·09	88663$_{458}$	87864$_{455}$	87042$_{450}$	86197$_{444}$	85330$_{435}$
1·10	89121$_{449}$	88319$_{446}$	87492$_{442}$	86641$_{435}$	85765$_{429}$
1·11	89570$_{440}$	88765$_{438}$	87934$_{434}$	87076$_{429}$	86194$_{421}$
1·12	90010$_{431}$	89203$_{429}$	88368$_{426}$	87505$_{421}$	86615$_{415}$
1·13	90441$_{422}$	89632$_{421}$	88794$_{418}$	87926$_{414}$	87030$_{408}$
1·14	90863$_{413}$	90053$_{413}$	89212$_{410}$	88340$_{406}$	87438$_{401}$
1·15	91276$_{404}$	90466$_{404}$	89622$_{403}$	88746$_{399}$	87839$_{394}$
1·16	91680$_{395}$	90870$_{396}$	90025$_{394}$	89145$_{392}$	88233$_{387}$
1·17	92075$_{386}$	91266$_{387}$	90419$_{387}$	89537$_{385}$	88620$_{380}$
1·18	92461$_{376}$	91653$_{378}$	90806$_{379}$	89922$_{377}$	89000$_{373}$
1·19	92837$_{367}$	92031$_{370}$	91185$_{371}$	90299$_{369}$	89373$_{367}$
1·20	93204$_{358}$	92401$_{362}$	91556$_{363}$	90668$_{363}$	89740$_{360}$
1·21	93562$_{348}$	92763$_{352}$	91919$_{355}$	91031$_{355}$	90100$_{353}$
1·22	93910$_{339}$	93115$_{344}$	92274$_{347}$	91386$_{348}$	90453$_{346}$
1·23	94249$_{329}$	93459$_{336}$	92621$_{339}$	91734$_{340}$	90799$_{340}$
1·24	94578$_{320}$	93795$_{327}$	92960$_{331}$	92074$_{334}$	91139$_{333}$
1·25	94898	94122	93291	92408	91472
K	1·57080	1·61244	1·65962	1·71389	1·77752

1·00 – 1·25

0·5	0·6	0·7	0·8	0·9	1·0
sn u	sn u	sn u	sn u	sn u	sn u
80300$_{487}$	79494$_{475}$	78676$_{462}$	77848$_{447}$	77009$_{432}$	76159$_{417}$
80787$_{481}$	79969$_{468}$	79138$_{455}$	78295$_{441}$	77441$_{426}$	76576$_{411}$
81268$_{473}$	80437$_{461}$	79593$_{448}$	78736$_{434}$	77867$_{420}$	76987$_{404}$
81741$_{467}$	80898$_{455}$	80041$_{442}$	79170$_{429}$	78287$_{413}$	77391$_{398}$
82208$_{460}$	81353$_{448}$	80483$_{436}$	79599$_{422}$	78700$_{408}$	77789$_{392}$
82668$_{453}$	81801$_{442}$	80919$_{429}$	80021$_{415}$	79108$_{401}$	78181$_{385}$
83121$_{446}$	82243$_{435}$	81348$_{423}$	80436$_{410}$	79509$_{395}$	78566$_{380}$
83567$_{440}$	82678$_{429}$	81771$_{416}$	80846$_{403}$	79904$_{389}$	78946$_{374}$
84007$_{433}$	83107$_{422}$	82187$_{411}$	81249$_{398}$	80293$_{383}$	79320$_{368}$
84440$_{427}$	83529$_{416}$	82598$_{404}$	81647$_{391}$	80676$_{378}$	79688$_{362}$
84867$_{419}$	83945$_{410}$	83002$_{399}$	82038$_{386}$	81054$_{371}$	80050$_{356}$
85286$_{414}$	84355$_{403}$	83401$_{392}$	82424$_{379}$	81425$_{366}$	80406$_{351}$
85700$_{406}$	84758$_{398}$	83793$_{386}$	82803$_{374}$	81791$_{360}$	80757$_{345}$
86106$_{400}$	85156$_{391}$	84179$_{380}$	83177$_{368}$	82151$_{355}$	81102$_{339}$
86506$_{394}$	85547$_{384}$	84559$_{375}$	83545$_{363}$	82506$_{349}$	81441$_{334}$
86900$_{387}$	85931$_{379}$	84934$_{368}$	83908$_{356}$	82855$_{343}$	81775$_{329}$
87287$_{381}$	86310$_{373}$	85302$_{363}$	84264$_{352}$	83198$_{338}$	82104$_{323}$
87668$_{374}$	86683$_{366}$	85665$_{357}$	84616$_{345}$	83536$_{333}$	82427$_{318}$
88042$_{368}$	87049$_{360}$	86022$_{351}$	84961$_{340}$	83869$_{327}$	82745$_{313}$
88410$_{362}$	87409$_{355}$	86373$_{345}$	85301$_{335}$	84196$_{322}$	83058$_{307}$
88772$_{355}$	87764$_{349}$	86718$_{340}$	85636$_{329}$	84518$_{317}$	83365$_{303}$
89127$_{349}$	88113$_{342}$	87058$_{335}$	85965$_{324}$	84835$_{311}$	83668$_{297}$
89476$_{342}$	88455$_{337}$	87393$_{328}$	86289$_{319}$	85146$_{307}$	83965$_{293}$
89818$_{337}$	88792$_{331}$	87721$_{324}$	86608$_{313}$	85453$_{302}$	84258$_{288}$
90155$_{330}$	89123$_{325}$	88045$_{318}$	86921$_{309}$	85755$_{296}$	84546$_{282}$
90485	89448	88363	87230	86051	84828
1·85407	1·94957	2·07536	2·25721	2·57809	

1·25 – 1·50

m	0·0	0·1	0·2	0·3	0·4
u	sn u	sn u	sn u	sn u	sn u
1·25	94898$_{311}$	94122$_{318}$	93291$_{324}$	92408$_{326}$	91472$_{326}$
1·26	95209$_{301}$	94440$_{309}$	93615$_{315}$	92734$_{318}$	91798$_{320}$
1·27	95510$_{292}$	94749$_{301}$	93930$_{307}$	93052$_{312}$	92118$_{313}$
1·28	95802$_{282}$	95050$_{292}$	94237$_{300}$	93364$_{304}$	92431$_{306}$
1·29	96084$_{272}$	95342$_{283}$	94537$_{291}$	93668$_{297}$	92737$_{300}$
1·30	96356$_{262}$	95625$_{275}$	94828$_{284}$	93965$_{290}$	93037$_{293}$
1·31	96618$_{254}$	95900$_{265}$	95112$_{275}$	94255$_{282}$	93330$_{287}$
1·32	96872$_{243}$	96165$_{257}$	95387$_{268}$	94537$_{276}$	93617$_{280}$
1·33	97115$_{233}$	96422$_{248}$	95655$_{259}$	94813$_{268}$	93897$_{273}$
1·34	97348$_{224}$	96670$_{240}$	95914$_{252}$	95081$_{261}$	94170$_{267}$
1·35	97572$_{214}$	96910$_{230}$	96166$_{243}$	95342$_{253}$	94437$_{261}$
1·36	97786$_{205}$	97140$_{222}$	96409$_{236}$	95595$_{247}$	94698$_{254}$
1·37	97991$_{194}$	97362$_{212}$	96645$_{228}$	95842$_{239}$	94952$_{247}$
1·38	98185$_{185}$	97574$_{204}$	96873$_{219}$	96081$_{232}$	95199$_{242}$
1·39	98370$_{175}$	97778$_{195}$	97092$_{212}$	96313$_{225}$	95441$_{234}$
1·40	98545$_{165}$	97973$_{186}$	97304$_{204}$	96538$_{218}$	95675$_{229}$
1·41	98710$_{155}$	98159$_{177}$	97508$_{195}$	96756$_{211}$	95904$_{222}$
1·42	98865$_{145}$	98336$_{168}$	97703$_{188}$	96967$_{203}$	96126$_{216}$
1·43	99010$_{136}$	98504$_{160}$	97891$_{180}$	97170$_{197}$	96342$_{209}$
1·44	99146$_{125}$	98664$_{150}$	98071$_{171}$	97367$_{189}$	96551$_{203}$
1·45	99271$_{116}$	98814$_{141}$	98242$_{164}$	97556$_{182}$	96754$_{197}$
1·46	99387$_{105}$	98955$_{133}$	98406$_{156}$	97738$_{175}$	96951$_{190}$
1·47	99492$_{96}$	99088$_{123}$	98562$_{147}$	97913$_{168}$	97141$_{184}$
1·48	99588$_{86}$	99211$_{115}$	98709$_{140}$	98081$_{161}$	97325$_{178}$
1·49	99674$_{75}$	99326$_{105}$	98849$_{132}$	98242$_{154}$	97503$_{172}$
1·50	99749	99431	98981	98396	97675
K	1·57080	1·61244	1·65962	1·71389	1·77752

1·25 – 1·50

0·5	0·6	0·7	0·8	0·9	1·0
sn u	sn u	sn u	sn u	sn u	sn u
90485_{324}	89448_{320}	88363_{312}	87230_{303}	86051_{292}	84828_{278}
90809_{318}	89768_{314}	88675_{308}	87533_{299}	86343_{287}	85106_{274}
91127_{312}	90082_{308}	88983_{302}	87832_{293}	86630_{282}	85380_{268}
91439_{306}	90390_{303}	89285_{296}	88125_{288}	86912_{278}	85648_{265}
91745_{300}	90693_{297}	89581_{292}	88413_{284}	87190_{273}	85913_{259}
92045_{293}	90990_{291}	89873_{287}	88697_{279}	87463_{268}	86172_{256}
92338_{288}	91281_{286}	90160_{281}	88976_{274}	87731_{264}	86428_{250}
92626_{282}	91567_{281}	90441_{277}	89250_{269}	87995_{259}	86678_{247}
92908_{276}	91848_{275}	90718_{271}	89519_{265}	88254_{255}	86925_{242}
93184_{270}	92123_{270}	90989_{267}	89784_{260}	88509_{251}	87167_{238}
93454_{264}	92393_{264}	91256_{261}	90044_{255}	88760_{246}	87405_{234}
93718_{258}	92657_{260}	91517_{257}	90299_{251}	89006_{242}	87639_{230}
93976_{253}	92917_{254}	91774_{252}	90550_{247}	89248_{238}	87869_{226}
94229_{247}	93171_{249}	92026_{247}	90797_{243}	89486_{234}	88095_{222}
94476_{241}	93420_{243}	92273_{243}	91040_{238}	89720_{230}	88317_{218}
94717_{235}	93663_{239}	92516_{238}	91278_{233}	89950_{225}	88535_{214}
94952_{230}	93902_{233}	92754_{234}	91511_{230}	90175_{222}	88749_{211}
95182_{224}	94135_{229}	92988_{228}	91741_{225}	90397_{218}	88960_{207}
95406_{218}	94364_{223}	93216_{225}	91966_{221}	90615_{215}	89167_{203}
95624_{213}	94587_{218}	93441_{220}	92187_{218}	90830_{210}	89370_{199}
95837_{207}	94805_{214}	93661_{215}	92405_{213}	91040_{207}	89569_{196}
96044_{202}	95019_{208}	93876_{211}	92618_{209}	91247_{203}	89765_{193}
96246_{196}	95227_{204}	94087_{207}	92827_{205}	91450_{199}	89958_{189}
96442_{190}	95431_{199}	94294_{202}	93032_{202}	91649_{196}	90147_{185}
96632_{186}	95630_{194}	94496_{199}	93234_{198}	91845_{192}	90332_{183}
96818	95824	94695	93432	92037	90515
1·85407	1·94957	2·07536	2·25721	2·57809	

1·50 – 1·75

m u	0·0 sn u	0·1 sn u	0·2 sn u	0·3 sn u	0·4 sn u
1·50	99749_{66}	99431_{97}	98981_{124}	98396_{147}	97675_{165}
1·51	99815_{56}	99528_{88}	99105_{115}	98543_{139}	97840_{160}
1·52	99871_{46}	99616_{78}	99220_{108}	98682_{133}	98000_{153}
1·53	99917_{36}	99694_{70}	99328_{100}	98815_{125}	98153_{147}
1·54	99953_{25}	99764_{61}	99428_{91}	98940_{119}	98300_{140}
1·55	99978_{16}	99825_{51}	99519_{84}	99059_{111}	98440_{135}
1·56	99994_{6}	99876_{43}	99603_{76}	99170_{105}	98575_{128}
1·57	$1·00000_{4}$	99919_{34}	99679_{67}	99275_{97}	98703_{123}
1·58	99996_{14}	99953_{24}	99746_{60}	99372_{90}	98826_{116}
1·59	99982_{25}	99977_{16}	99806_{52}	99462_{84}	98942_{110}
1·60	99957_{34}	99993_{7}	99858_{44}	99546_{76}	99052_{104}
1·61	99923_{44}	$1·00000_{3}$	99902_{35}	99622_{69}	99156_{98}
1·62	99879_{54}	99997_{11}	99937_{28}	99691_{63}	99254_{92}
1·63	99825_{64}	99986_{20}	99965_{20}	99754_{55}	99346_{86}
1·64	99761_{74}	99966_{29}	99985_{11}	99809_{48}	99432_{80}
1·65	99687_{85}	99937_{39}	99996_{4}	99857_{41}	99512_{73}
1·66	99602_{94}	99898_{47}	$1·00000_{4}$	99898_{35}	99585_{68}
1·67	99508_{104}	99851_{56}	99996_{13}	99933_{27}	99653_{61}
1·68	99404_{114}	99795_{66}	99983_{20}	99960_{20}	9974_{56}
1·69	99290_{124}	99729_{74}	99963_{28}	99980_{13}	99770_{50}
1·70	99166_{133}	99655_{83}	99935_{37}	99993_{6}	99820_{43}
1·71	99033_{144}	99572_{92}	99898_{44}	99999	99863_{38}
1·72	98889_{154}	99480_{102}	99854_{52}	99999_{8}	99901_{31}
1·73	98735_{163}	99378_{110}	99802_{60}	99991_{15}	99932_{26}
1·74	98572_{173}	99268_{119}	99742_{69}	99976_{22}	99958_{19}
1·75	98399 ·	99149	99673	99954	99977
K	1·57080	1·61244	1·65962	1·71389	1·77752

1·50 – 1·75

0·5	0·6	0·7	0·8	0·9	1·0
sn u	sn u	sn u	sn u	sn u	sn u
96818$_{179}$	95824$_{189}$	94695$_{194}$	93432$_{194}$	92037$_{189}$	90515$_{179}$
96997$_{175}$	96013$_{185}$	94889$_{189}$	93626$_{190}$	92226$_{186}$	90694$_{176}$
97172$_{168}$	96198$_{179}$	95078$_{186}$	93816$_{186}$	92412$_{182}$	90870$_{172}$
97340$_{164}$	96377$_{176}$	95264$_{182}$	94002$_{183}$	92594$_{179}$	91042$_{170}$
97504$_{158}$	96553$_{170}$	95446$_{177}$	94185$_{179}$	92773$_{175}$	91212$_{167}$
97662$_{153}$	96723$_{166}$	95623$_{174}$	94364$_{176}$	92948$_{173}$	91379$_{163}$
97815$_{147}$	96889$_{161}$	95797$_{169}$	94540$_{172}$	93121$_{169}$	91542$_{161}$
97962$_{143}$	97050$_{157}$	95966$_{166}$	94712$_{169}$	93290$_{166}$	91703$_{157}$
98105$_{137}$	97207$_{152}$	96132$_{162}$	94881$_{165}$	93456$_{163}$	91860$_{155}$
98242$_{131}$	97359$_{148}$	96294$_{158}$	95046$_{162}$	93619$_{160}$	92015$_{152}$
98373$_{127}$	97507$_{143}$	96452$_{154}$	95208$_{159}$	93779$_{157}$	92167$_{149}$
98500$_{121}$	97650$_{139}$	96606$_{150}$	95367$_{156}$	93936$_{154}$	92316$_{146}$
98621$_{116}$	97789$_{134}$	96756$_{146}$	95523$_{152}$	94090$_{151}$	92462$_{144}$
98737$_{111}$	97923$_{130}$	96902$_{143}$	95675$_{149}$	94241$_{149}$	92606$_{141}$
98848$_{105}$	98053$_{126}$	97045$_{139}$	95824$_{145}$	94390$_{145}$	92747$_{139}$
98953$_{101}$	98179$_{121}$	97184$_{135}$	95969$_{143}$	94535$_{143}$	92886$_{136}$
99054$_{95}$	98300$_{117}$	97319$_{132}$	96112$_{139}$	94678$_{140}$	93022$_{133}$
99149$_{91}$	98417$_{112}$	97451$_{128}$	96251$_{137}$	94818$_{138}$	93155$_{131}$
99240$_{85}$	98529$_{108}$	97579$_{125}$	96388$_{133}$	94956$_{135}$	93286$_{129}$
99325$_{80}$	98637$_{104}$	97704$_{121}$	96521$_{131}$	95091$_{132}$	93415$_{126}$
99405$_{75}$	98741$_{100}$	97825$_{117}$	96652$_{127}$	95223$_{130}$	93541$_{124}$
99480$_{70}$	98841$_{96}$	97942$_{114}$	96779$_{125}$	95353$_{127}$	93665$_{121}$
99550$_{64}$	98937$_{91}$	98056$_{111}$	96904$_{122}$	95480$_{125}$	93786$_{120}$
99614$_{60}$	99028$_{87}$	98167$_{107}$	97026$_{119}$	95605$_{122}$	93906$_{117}$
99674$_{55}$	99115$_{83}$	98274$_{103}$	97145$_{116}$	95727$_{120}$	94023$_{115}$
99729	99198	98377	97261	95847	94138
1·85407	1·94957	2·07536	2·25721	2·57809	

1·75 – 2·00

m	0·0	0·1	0·2	0·3	0·4
u	sn u	sn u	sn u	sn u	sn u
1·75	98399_{184}	99149_{128}	99673_{76}	99954_{28}	99977_{14}
1·76	98215_{193}	99021_{137}	99597_{84}	99926_{36}	99991_{7}
1·77	98022_{202}	98884_{146}	99513_{93}	99890_{43}	99998_{2}
1·78	97820_{213}	98738_{155}	99420_{100}	99847_{50}	$1·00000_{5}$
1·79	97607_{222}	98583_{164}	99320_{108}	99797_{57}	99995_{10}
1·80	97385_{232}	98419_{172}	99212_{117}	99740_{63}	99985_{17}
1·81	97153_{242}	98247_{182}	99095_{124}	99677_{71}	99968_{22}
1·82	96911_{252}	98065_{191}	98971_{132}	99606_{78}	99946_{29}
1·83	96659_{261}	97874_{199}	98839_{140}	99528_{85}	99917_{34}
1·84	96398_{270}	97675_{209}	98699_{149}	99443_{92}	99883_{41}
1·85	96128_{281}	97466_{217}	98550_{156}	99351_{99}	99842_{46}
1·86	95847_{290}	97249_{226}	98394_{164}	99252_{106}	99796_{53}
1·87	95557_{299}	97023_{235}	98230_{173}	99146_{113}	99743_{58}
1·88	95258_{309}	96788_{243}	98057_{180}	99033_{120}	99685_{65}
1·89	94949_{319}	96545_{253}	97877_{188}	98913_{127}	99620_{71}
1·90	94630_{328}	96292_{261}	97689_{196}	98786_{134}	99549_{76}
1·91	94302_{337}	96031_{271}	97493_{205}	98652_{141}	99473_{83}
1·92	93965_{347}	95760_{279}	97288_{212}	98511_{149}	99390_{89}
1·93	93618_{356}	95481_{287}	97076_{220}	98362_{155}	99301_{95}
1·94	93262_{366}	95194_{297}	96856_{228}	98207_{163}	99206_{101}
1·95	92896_{375}	94897_{305}	96628_{237}	98044_{169}	99105_{107}
1·96	92521_{384}	94592_{314}	96391_{244}	97875_{177}	98998_{113}
1·97	92137_{393}	94278_{322}	96147_{252}	97698_{184}	98885_{119}
1·98	91744_{403}	93956_{332}	95895_{260}	97514_{190}	98766_{125}
1·99	91341_{411}	93624_{340}	95635_{268}	97324_{198}	98641_{132}
2·00	90930	93284	95367	97126	98509
K	1·57080	1·61244	1·65962	1·71389	1·77752

1·75 – 2·00

0·5	0·6	0·7	0·8	0·9	1·0
sn u	sn u	sn u	sn u	sn u	sn u
99729$_{49}$	99198$_{79}$	98377$_{100}$	97261$_{113}$	95847$_{117}$	94138$_{112}$
99778$_{45}$	99277$_{75}$	98477$_{97}$	97374$_{110}$	95964$_{116}$	94250$_{111}$
99823$_{40}$	99352$_{70}$	98574$_{94}$	97484$_{108}$	96080$_{112}$	94361$_{109}$
99863$_{34}$	99422$_{67}$	98668$_{90}$	97592$_{105}$	96192$_{111}$	94470$_{106}$
99897$_{30}$	99489$_{62}$	98758$_{87}$	97697$_{103}$	96303$_{109}$	94576$_{105}$
99927$_{24}$	99551$_{58}$	98845$_{83}$	97800$_{99}$	96412$_{106}$	94681$_{102}$
99951$_{20}$	99609$_{54}$	98928$_{81}$	97899$_{98}$	96518$_{104}$	94783$_{101}$
99971$_{15}$	99663$_{50}$	99009$_{77}$	97997$_{94}$	96622$_{102}$	94884$_{99}$
99986$_{9}$	99713$_{46}$	99086$_{73}$	98091$_{92}$	96724$_{100}$	94983$_{97}$
99995$_{5}$	99759$_{42}$	99159$_{71}$	98183$_{90}$	96824$_{97}$	95080$_{95}$
1·00000$_{1}$	99801$_{38}$	99230$_{68}$	98273$_{87}$	96921$_{96}$	95175$_{93}$
99999$_{5}$	99839$_{34}$	99298$_{64}$	98360$_{84}$	97017$_{94}$	95268$_{91}$
99994$_{11}$	99873$_{30}$	99362$_{61}$	98444$_{82}$	97111$_{92}$	95359$_{90}$
99983$_{15}$	99903$_{26}$	99423$_{58}$	98526$_{80}$	97203$_{90}$	95449$_{88}$
99968$_{21}$	99929$_{22}$	99481$_{55}$	98606$_{77}$	97293$_{88}$	95537$_{87}$
99947$_{25}$	99951$_{18}$	99536$_{52}$	98683$_{75}$	97381$_{86}$	95624$_{85}$
99922$_{31}$	99969$_{14}$	99588$_{48}$	98758$_{72}$	97467$_{84}$	95709$_{83}$
99891$_{35}$	99983$_{9}$	99636$_{46}$	98830$_{71}$	97551$_{83}$	95792$_{81}$
99856$_{41}$	99992$_{6}$	99682$_{42}$	98901$_{67}$	97634$_{80}$	95873$_{80}$
99815$_{45}$	99998$_{2}$	99724$_{40}$	98968$_{66}$	97714$_{79}$	95953$_{79}$
99770$_{51}$	1·00000$_{2}$	99764$_{36}$	99034$_{63}$	97793$_{77}$	96032$_{77}$
99719$_{56}$	99998$_{6}$	99800$_{33}$	99097$_{61}$	97870$_{76}$	96109$_{76}$
99663$_{60}$	99992$_{11}$	99833$_{30}$	99158$_{59}$	97946$_{73}$	96185$_{74}$
99603$_{66}$	99981$_{14}$	99863$_{28}$	99217$_{56}$	98019$_{72}$	96259$_{72}$
99537$_{71}$	99967$_{18}$	99891$_{24}$	99273$_{54}$	98091$_{71}$	96331$_{72}$
99466	99949	99915	99327	98162	96403
1·85407	1·94957	2·07536	2·25721	2·57809	

2·00 – 2·25

m	0·6	0·7	0·8	0·9	1·0
u	sn u	sn u	sn u	sn u	sn u
2·00	99949$_{22}$	99915$_{21}$	99327$_{53}$	98162$_{68}$	96403$_{70}$
2·01	99927$_{26}$	99936$_{18}$	99380$_{49}$	98230$_{67}$	96473$_{68}$
2·02	99901$_{31}$	99954$_{15}$	99429$_{48}$	98297$_{66}$	96541$_{68}$
2·03	99870$_{34}$	99969$_{12}$	99477$_{46}$	98363$_{64}$	96609$_{66}$
2·04	99836$_{38}$	99981$_{9}$	99523$_{43}$	98427$_{63}$	96675$_{65}$
2·05	99798$_{42}$	99990$_{6}$	99566$_{41}$	98490$_{60}$	96740$_{63}$
2·06	99756$_{47}$	99996$_{4}$	99607$_{39}$	98550$_{60}$	96803$_{62}$
2·07	99709$_{50}$	1·00000	99646$_{38}$	98610$_{58}$	96865$_{61}$
2·08	99659$_{55}$	1·00000$_{3}$	99684$_{34}$	98668$_{56}$	96926$_{60}$
2·09	99604$_{58}$	99997$_{6}$	99718$_{33}$	98724$_{55}$	96986$_{59}$
2·10	99546$_{63}$	99991$_{9}$	99751$_{31}$	98779$_{54}$	97045$_{58}$
2·11	99483$_{67}$	99982$_{12}$	99782$_{29}$	98833$_{52}$	97103$_{56}$
2·12	99416$_{71}$	99970$_{15}$	99811$_{27}$	98885$_{51}$	97159$_{56}$
2·13	99345$_{75}$	99955$_{18}$	99838$_{24}$	98936$_{50}$	97215$_{54}$
2·14	99270$_{79}$	99937$_{21}$	99862$_{23}$	98986$_{48}$	97269$_{54}$
2·15	99191$_{83}$	99916$_{24}$	99885$_{20}$	99034$_{47}$	97323$_{52}$
2·16	99108$_{88}$	99892$_{27}$	99905$_{19}$	99081$_{45}$	97375$_{51}$
2·17	99020$_{91}$	99865$_{30}$	99924$_{16}$	99126$_{44}$	97426$_{51}$
2·18	98929$_{96}$	99835$_{33}$	99940$_{15}$	99170$_{43}$	97477$_{49}$
2·19	98833$_{100}$	99802$_{36}$	99955$_{12}$	99213$_{42}$	97526$_{48}$
2·20	98733$_{105}$	99766$_{39}$	99967$_{11}$	99255$_{40}$	97574$_{48}$
2·21	98628$_{108}$	99727$_{42}$	99978$_{8}$	99295$_{40}$	97622$_{46}$
2·22	98520$_{113}$	99685$_{45}$	99986$_{7}$	99335$_{38}$	97668$_{46}$
2·23	98407$_{118}$	99640$_{49}$	99993$_{4}$	99373$_{36}$	97714$_{45}$
2·24	98289$_{121}$	99591$_{51}$	99997$_{2}$	99409$_{36}$	97759$_{44}$
2·25	98168	99540	99999	99445	97803
K	1·94957	2·07536	2·25721	2·57809	

2·25 – 2·50

m	0·6	0·7	0·8	0·9	1·0
u	sn u	sn u	sn u	sn u	sn u
2·25	98168$_{126}$	99540$_{55}$	99999$_{1}$	99445$_{34}$	97803$_{43}$
2·26	98042$_{130}$	99485$_{58}$	1·00000$_{2}$	99479$_{33}$	97846$_{42}$
2·27	97912$_{135}$	99427$_{61}$	99998$_{3}$	99512$_{32}$	97888$_{41}$
2·28	97777$_{139}$	99366$_{64}$	99995$_{6}$	99544$_{31}$	97929$_{41}$
2·29	97638$_{144}$	99302$_{67}$	99989$_{7}$	99575$_{30}$	97970$_{40}$
2·30	97494$_{148}$	99235$_{70}$	99982$_{10}$	99605$_{28}$	98010$_{39}$
2·31	97346$_{152}$	99165$_{74}$	99972$_{11}$	99633$_{27}$	98049$_{38}$
2·32	97194$_{158}$	99091$_{77}$	99961$_{14}$	99660$_{27}$	98087$_{37}$
2·33	97036$_{161}$	99014$_{80}$	99947$_{16}$	99687$_{25}$	98124$_{37}$
2·34	96875$_{167}$	98934$_{83}$	99931$_{17}$	99712$_{24}$	98161$_{36}$
2·35	96708$_{170}$	98851$_{87}$	99914$_{20}$	99736$_{23}$	98197$_{36}$
2·36	96538$_{176}$	98764$_{90}$	99894$_{22}$	99759$_{22}$	98233$_{34}$
2·37	96362$_{180}$	98674$_{93}$	99872$_{23}$	99781$_{21}$	98267$_{34}$
2·38	96182$_{185}$	98581$_{97}$	99849$_{26}$	99802$_{19}$	98301$_{34}$
2·39	95997$_{190}$	98484$_{99}$	99823$_{28}$	99821$_{19}$	98335$_{32}$
2·40	95807$_{194}$	98385$_{104}$	99795$_{30}$	99840$_{18}$	98367$_{33}$
2·41	95613$_{199}$	98281$_{107}$	99765$_{32}$	99858$_{16}$	98400$_{31}$
2·42	95414$_{205}$	98174$_{110}$	99733$_{34}$	99874$_{16}$	98431$_{31}$
2·43	95209$_{208}$	98064$_{114}$	99699$_{36}$	99890$_{14}$	98462$_{30}$
2·44	95001$_{214}$	97950$_{117}$	99663$_{38}$	99904$_{14}$	98492$_{30}$
2·45	94787$_{219}$	97833$_{120}$	99625$_{40}$	99918$_{12}$	98522$_{29}$
2·46	94568$_{224}$	97713$_{125}$	99585$_{43}$	99930$_{11}$	98551$_{28}$
2·47	94344$_{229}$	97588$_{127}$	99542$_{45}$	99941$_{11}$	98579$_{28}$
2·48	94115$_{234}$	97461$_{132}$	99497$_{46}$	99952$_{9}$	98607$_{28}$
2·49	93881$_{239}$	97329$_{135}$	99451$_{49}$	99961$_{8}$	98635$_{26}$
2·50	93642	97194	99402	99969	98661
K	1·94957	2·07536	2·25721	2·57809	

2·50 – 3·00

m u	0·9 sn u	1·0 sn u	m u	0·9 sn u	1·0 sn u
2·50	99969$_8$	98661$_{27}$	2·75	99851$_{18}$	99186$_{16}$
2·51	99977$_6$	98688$_{26}$	2·76	99833$_{19}$	99202$_{16}$
2·52	99983$_5$	98714$_{25}$	2·77	99814$_{20}$	99218$_{15}$
2·53	99988$_5$	98739$_{25}$	2·78	99794$_{21}$	99233$_{15}$
2·54	99993$_3$	98764$_{24}$	2·79	99773$_{23}$	99248$_{15}$
2·55	99996$_2$	98788$_{24}$	2·80	99750$_{23}$	99263$_{15}$
2·56	99998$_2$	98812$_{23}$	2·81	99727$_{25}$	99278$_{14}$
2·57	1·00000	98835$_{23}$	2·82	99702$_{25}$	99292$_{14}$
2·58	1·00000$_1$	98858$_{23}$	2·83	99677$_{27}$	99306$_{14}$
2·59	99999$_1$	98881$_{22}$	2·84	99650$_{28}$	99320$_{13}$
2·60	99998$_3$	98903$_{21}$	2·85	99622$_{29}$	99333$_{13}$
2·61	99995$_4$	98924$_{22}$	2·86	99593$_{30}$	99346$_{13}$
2·62	99991$_4$	98946$_{20}$	2·87	99563$_{31}$	99359$_{13}$
2·63	99987$_6$	98966$_{21}$	2·88	99532$_{32}$	99372$_{12}$
2·64	99981$_7$	98987$_{20}$	2·89	99500$_{34}$	99384$_{12}$
2·65	99974$_8$	99007$_{19}$	2·90	99466$_{35}$	99396$_{12}$
2·66	99966$_8$	99026$_{19}$	2·91	99431$_{36}$	99408$_{12}$
2·67	99958$_{10}$	99045$_{19}$	2·92	99395$_{37}$	99420$_{11}$
2·68	99948$_{11}$	99064$_{19}$	2·93	99358$_{38}$	99431$_{12}$
2·69	99937$_{12}$	99083$_{18}$	2·94	99320$_{40}$	99443$_{11}$
2·70	99925$_{12}$	99101$_{17}$	2·95	99280$_{41}$	99454$_{10}$
2·71	99913$_{14}$	99118$_{18}$	2·96	99239$_{42}$	99464$_{11}$
2·72	99899$_{15}$	99136$_{17}$	2·97	99197$_{43}$	99475$_{10}$
2·73	99884$_{16}$	99153$_{17}$	2·98	99154$_{45}$	99485$_{11}$
2·74	99868$_{17}$	99170$_{16}$	2·99	99109$_{46}$	99496$_9$
2·75	99851	99186	3·00	99063	99505
K	2·57809			2·57809	

3·0 – 6·5

m	1·0	m	1·0
u	sn u	u	sn u
3·0	99505 $_{90}$	5·5	99997
3·1	99595 $_{73}$	5·6	99997
3·2	99668 $_{60}$	5·7	99998
3·3	99728 $_{49}$	5·8	99998
3·4	99777 $_{41}$	5·9	99998
3·5	99818 $_{33}$	6·0	99999
3·6	99851 $_{27}$	6·1	99999
3·7	99878 $_{22}$	6·2	99999
3·8	99900 $_{18}$	6·3	99999
3·9	99918 $_{15}$	6·4	99999
4·0	99933 $_{12}$	6·5	1·00000
4·1	99945 $_{10}$		
4·2	99955 $_{8}$		
4·3	99963 $_{7}$		
4·4	99970 $_{5}$		
4·5	99975 $_{5}$		
4·6	99980		
4·7	99983		
4·8	99986		
4·9	99989		
5·0	99991		
5·1	99993		
5·2	99994		
5·3	99995		
5·4	99996		
5·5	99997		

Tafel der elliptischen Funktion
cn $(u|m)$
nach Werten von $m = k^2$

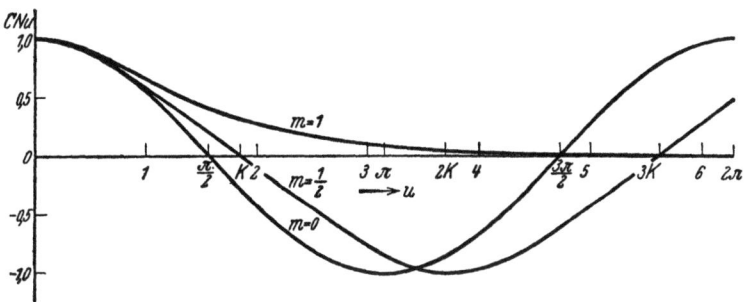

0·00 – 0·25

m	0·0	0·1	0·2	0·3	0·4
u	cn u	cn u	cn u	cn u	cn u
0·00	$1{\cdot}00\,000_5$	$1{\cdot}00\,000_5$	$1{\cdot}00\,000_5$	$1{\cdot}00\,000_5$	$1{\cdot}00\,000_5$
·01	$99\,995_{15}$	$99\,995_{15}$	$99\,995_{15}$	$99\,995_{15}$	$99\,995_{15}$
·02	$99\,980_{25}$	$99\,980_{25}$	$99\,980_{25}$	$99\,980_{25}$	$99\,980_{25}$
·03	$99\,955_{35}$	$99\,955_{35}$	$99\,955_{35}$	$99\,955_{35}$	$99\,955_{35}$
·04	$99\,920_{45}$	$99\,920_{45}$	$99\,920_{45}$	$99\,920_{45}$	$99\,920_{45}$
·05	$99\,875_{55}$	$99\,875_{55}$	$99\,875_{55}$	$99\,875_{55}$	$99\,875_{55}$
·06	$99\,820_{65}$	$99\,820_{65}$	$99\,820_{65}$	$99\,820_{65}$	$99\,820_{65}$
·07	$99\,755_{75}$	$99\,755_{75}$	$99\,755_{75}$	$99\,755_{75}$	$99\,755_{75}$
·08	$99\,680_{85}$	$99\,680_{85}$	$99\,680_{85}$	$99\,680_{84}$	$99\,680_{84}$
·09	$99\,595_{95}$	$99\,595_{94}$	$99\,595_{94}$	$99\,596_{95}$	$99\,596_{95}$
·10	$99\,500_{104}$	$99\,501_{105}$	$99\,501_{105}$	$99\,501_{105}$	$99\,501_{104}$
·11	$99\,396_{115}$	$99\,396_{115}$	$99\,396_{114}$	$99\,396_{114}$	$99\,397_{115}$
·12	$99\,281_{125}$	$99\,281_{124}$	$99\,282_{125}$	$99\,282_{124}$	$99\,282_{124}$
·13	$99\,156_{134}$	$99\,157_{135}$	$99\,157_{134}$	$99\,158_{134}$	$99\,158_{134}$
·14	$99\,022_{145}$	$99\,022_{144}$	$99\,023_{144}$	$99\,024_{144}$	$99\,024_{144}$
·15	$98\,877_{154}$	$98\,878_{154}$	$98\,879_{154}$	$98\,880_{154}$	$98\,880_{153}$
·16	$98\,723_{165}$	$98\,724_{164}$	$98\,725_{164}$	$98\,726_{163}$	$98\,727_{163}$
·17	$98\,558_{174}$	$98\,560_{174}$	$98\,561_{173}$	$98\,563_{173}$	$98\,564_{173}$
·18	$98\,384_{184}$	$98\,386_{183}$	$98\,388_{183}$	$98\,390_{183}$	$98\,391_{182}$
·19	$98\,200_{193}$	$98\,203_{194}$	$98\,205_{193}$	$98\,207_{192}$	$98\,209_{192}$
·20	$98\,007_{204}$	$98\,009_{203}$	$98\,012_{203}$	$98\,015_{202}$	$98\,017_{201}$
·21	$97\,803_{213}$	$97\,806_{212}$	$97\,809_{212}$	$97\,813_{212}$	$97\,816_{211}$
·22	$97\,590_{223}$	$97\,594_{223}$	$97\,597_{221}$	$97\,601_{221}$	$97\,605_{220}$
·23	$97\,367_{233}$	$97\,371_{232}$	$97\,376_{231}$	$97\,380_{230}$	$97\,385_{230}$
·24	$97\,134_{243}$	$97\,139_{241}$	$97\,145_{241}$	$97\,150_{240}$	$97\,155_{238}$
·25	$96\,891$	$96\,898$	$96\,904$	$96\,910$	$96\,917$
K	$1{\cdot}57\,080$	$1{\cdot}61\,244$	$1{\cdot}65\,962$	$1{\cdot}71\,389$	$1{\cdot}77\,752$

$0{\cdot}00 - 0{\cdot}25$

0·5	0·6	0·7	0·8	0·9	1·0
cn u	cn u	cn u	cn u	cn u	cn u
$1{\cdot}00000_5$	$1{\cdot}00000_5$	$1{\cdot}00000_5$	$1{\cdot}00000_5$	$1{\cdot}00000_5$	$1{\cdot}00000_5$
99995_{15}	99995_{15}	99995_{15}	99995_{15}	99995_{15}	99995_{15}
99980_{25}	99980_{25}	99980_{25}	99980_{25}	99980_{25}	99980_{25}
99955_{35}	99955_{35}	99955_{35}	99955_{35}	99955_{35}	99955_{35}
99920_{45}	99920_{45}	99920_{45}	99920_{45}	99920_{45}	99920_{45}
99875_{55}	99875_{55}	99875_{55}	99875_{55}	99875_{55}	99875_{55}
99820_{65}	99820_{65}	99820_{65}	99820_{65}	99820_{65}	99820_{65}
99755_{74}	99755_{74}	99755_{74}	99755_{74}	99755_{74}	99755_{74}
99681_{85}	99681_{85}	99681_{85}	99681_{85}	99681_{85}	99681_{85}
99596_{95}	99596_{95}	99596_{94}	99596_{94}	99596_{94}	99596_{94}
99501_{104}	99501_{104}	99502_{105}	99502_{104}	99502_{104}	99502_{104}
99397_{114}	99397_{114}	99397_{114}	99398_{114}	99398_{114}	99398_{114}
99283_{124}	99283_{124}	99283_{124}	99284_{124}	99284_{124}	99284_{123}
99159_{134}	99159_{134}	99159_{133}	99160_{133}	99160_{133}	99161_{133}
99025_{144}	99025_{143}	99026_{143}	99027_{143}	99027_{142}	99028_{143}
98881_{153}	98882_{153}	98883_{153}	98884_{153}	98885_{153}	98885_{151}
98728_{163}	98729_{162}	98730_{162}	98731_{162}	98732_{161}	98734_{162}
98565_{172}	98567_{172}	98568_{172}	98569_{171}	98571_{171}	98572_{170}
98393_{182}	98395_{182}	98396_{181}	98398_{180}	98400_{180}	98402_{180}
98211_{191}	98213_{191}	98215_{190}	98218_{190}	98220_{190}	98222_{189}
98020_{201}	98022_{200}	98025_{200}	98028_{200}	98030_{198}	98033_{198}
97819_{210}	97822_{209}	97825_{209}	97828_{208}	97832_{208}	97835_{207}
97609_{220}	97613_{219}	97616_{217}	97620_{217}	97624_{216}	97628_{216}
97389_{228}	97394_{228}	97399_{227}	97403_{226}	97408_{226}	97412_{224}
97161_{238}	97166_{237}	97172_{236}	97177_{235}	97182_{234}	97188_{234}
96923	96929	96936	96942	96948	96954
$1{\cdot}85407$	$1{\cdot}94957$	$2{\cdot}07536$	$2{\cdot}25721$	$2{\cdot}57809$	

$0{\cdot}25 - 0{\cdot}50$

m	$0{\cdot}0$	$0{\cdot}1$	$0{\cdot}2$	$0{\cdot}3$	$0{\cdot}4$
u	cn u	cn u	cn u	cn u	cn u
$0{\cdot}25$	96891_{252}	96898_{252}	96904_{250}	96910_{249}	96917_{248}
$\cdot 26$	96639_{262}	96646_{260}	96654_{260}	96661_{258}	96669_{258}
$\cdot 27$	96377_{271}	96386_{271}	96394_{269}	96403_{268}	96411_{266}
$\cdot 28$	96106_{282}	96115_{279}	96125_{278}	96135_{276}	96145_{275}
$\cdot 29$	95824_{290}	95836_{289}	95847_{287}	95859_{286}	95870_{284}
$\cdot 30$	95534_{301}	95547_{299}	95560_{297}	95573_{295}	95586_{293}
$\cdot 31$	95233_{309}	95248_{308}	95263_{306}	95278_{304}	95293_{302}
$\cdot 32$	94924_{320}	94940_{317}	94957_{315}	94974_{313}	94991_{311}
$\cdot 33$	94604_{329}	94623_{326}	94642_{324}	94661_{322}	94680_{320}
$\cdot 34$	94275_{338}	94297_{336}	94318_{333}	94339_{330}	94360_{328}
$\cdot 35$	93937_{347}	93961_{345}	93985_{342}	94009_{340}	94032_{336}
$\cdot 36$	93590_{357}	93616_{354}	93643_{351}	93669_{348}	93696_{345}
$\cdot 37$	93233_{367}	93262_{363}	93292_{360}	93321_{356}	93351_{354}
$\cdot 38$	92866_{375}	92899_{372}	92932_{368}	92965_{365}	92997_{361}
$\cdot 39$	92491_{385}	92527_{381}	92564_{378}	92600_{374}	92636_{370}
$\cdot 40$	92106_{394}	92146_{390}	92186_{386}	92226_{382}	92266_{378}
$\cdot 41$	91712_{403}	91756_{399}	91800_{394}	91844_{390}	91888_{386}
$\cdot 42$	91309_{412}	91357_{407}	91406_{403}	91454_{399}	91502_{394}
$\cdot 43$	90897_{422}	90950_{417}	91003_{412}	91055_{406}	91108_{402}
$\cdot 44$	90475_{430}	90533_{425}	90591_{420}	90649_{415}	90706_{410}
$\cdot 45$	90045_{440}	90108_{434}	90171_{428}	90234_{423}	90296_{417}
$\cdot 46$	89605_{448}	89674_{442}	89743_{437}	89811_{431}	89879_{425}
$\cdot 47$	89157_{458}	89232_{451}	89306_{445}	89380_{439}	89454_{433}
$\cdot 48$	88699_{466}	88781_{460}	88861_{453}	88941_{446}	89021_{440}
$\cdot 49$	88233_{475}	88321_{468}	88408_{461}	88495_{454}	88581_{447}
$\cdot 50$	87758	87853	87947	88041	88134
K	$1{\cdot}57080$	$1{\cdot}61244$	$1{\cdot}65962$	$1{\cdot}71389$	$1{\cdot}77752$

0·25 – 0·50

0·5	0·6	0·7	0·8	0·9	1·0
cn u	cn u	cn u	cn u	cn u	cn u
96923_{247}	96929_{246}	96936_{245}	96942_{244}	96948_{243}	96954_{241}
96676_{256}	96683_{254}	96691_{254}	96698_{252}	96705_{251}	96713_{250}
96420_{265}	96429_{264}	96437_{262}	96446_{261}	96454_{260}	96463_{259}
96155_{274}	96165_{272}	96175_{271}	96185_{270}	96194_{268}	96204_{267}
95881_{282}	95893_{282}	95904_{280}	95915_{278}	95926_{276}	95937_{274}
95599_{292}	95611_{289}	95624_{288}	95637_{286}	95650_{284}	95663_{283}
95307_{300}	95322_{298}	95336_{296}	95351_{294}	95366_{293}	95380_{290}
95007_{308}	95024_{307}	95040_{304}	95057_{302}	95073_{300}	95090_{298}
94699_{318}	94717_{315}	94736_{313}	94755_{311}	94773_{308}	94792_{306}
94381_{325}	94402_{323}	94423_{320}	94444_{318}	94465_{315}	94486_{313}
94056_{334}	94079_{331}	94103_{329}	94126_{325}	94150_{323}	94173_{321}
93722_{342}	93748_{339}	93774_{336}	93801_{334}	93827_{331}	93852_{327}
93380_{350}	93409_{347}	93438_{344}	93467_{341}	93496_{338}	93525_{335}
93030_{358}	93062_{355}	93094_{351}	93126_{348}	93158_{344}	93190_{341}
92672_{367}	92707_{362}	92743_{359}	92778_{355}	92814_{352}	92849_{348}
92305_{374}	92345_{370}	92384_{366}	92423_{362}	92462_{359}	92501_{355}
91931_{382}	91975_{378}	92018_{374}	92061_{370}	92103_{365}	92146_{361}
91549_{389}	91597_{385}	91644_{380}	91691_{376}	91738_{372}	91785_{368}
91160_{397}	91212_{393}	91264_{388}	91315_{383}	91366_{378}	91417_{373}
90763_{405}	90819_{399}	90876_{395}	90932_{389}	90988_{384}	91044_{380}
90358_{412}	90420_{407}	90481_{401}	90543_{396}	90604_{391}	90664_{385}
89946_{419}	90013_{413}	90080_{408}	90147_{402}	90213_{397}	90279_{391}
89527_{426}	89600_{420}	89672_{414}	89745_{409}	89816_{402}	89888_{397}
89101_{434}	89180_{428}	89258_{421}	89336_{414}	89414_{408}	89491_{402}
88667_{440}	88752_{433}	88837_{427}	88922_{421}	89006_{414}	89089_{407}
88227	88319	88410	88501	88592	88682
$1·85407$	$1·94957$	$2·07536$	$2·25721$	$2·57809$	

$0{\cdot}50-0{\cdot}75$

m	$0{\cdot}0$	$0{\cdot}1$	$0{\cdot}2$	$0{\cdot}3$	$0{\cdot}4$
u	cn u	cn u	cn u	cn u	cn u
0·50	87758_{484}	87853_{476}	87947_{469}	88041_{462}	88134_{454}
·51	87274_{492}	87377_{485}	87478_{477}	87579_{469}	87680_{462}
·52	86782_{501}	86892_{493}	87001_{485}	87110_{477}	87218_{469}
·53	86281_{510}	86399_{501}	86516_{492}	86633_{484}	86749_{475}
·54	85771_{519}	85898_{510}	86024_{500}	86149_{491}	86274_{483}
·55	85252_{526}	85388_{517}	85524_{508}	85658_{499}	85791_{489}
·56	84726_{536}	84871_{525}	85016_{516}	85159_{506}	85302_{496}
·57	84190_{544}	84346_{534}	84500_{523}	84653_{512}	84806_{503}
·58	83646_{552}	83812_{541}	83977_{530}	84141_{520}	84303_{509}
·59	83094_{560}	83271_{549}	83447_{538}	83621_{526}	83794_{515}
·60	82534_{569}	82722_{557}	82909_{545}	83095_{534}	83279_{522}
·61	81965_{577}	82165_{564}	82364_{552}	82561_{540}	82757_{528}
·62	81388_{585}	81601_{572}	81812_{559}	82021_{546}	82229_{534}
·63	80803_{593}	81029_{580}	81253_{567}	81475_{553}	81695_{540}
·64	80210_{602}	80449_{587}	80686_{573}	80922_{560}	81155_{545}
·65	79608_{609}	79862_{595}	80113_{580}	80362_{565}	80610_{552}
·66	78999_{617}	79267_{602}	79533_{587}	79797_{572}	80058_{557}
·67	78382_{625}	78665_{609}	78946_{593}	79225_{579}	79501_{563}
·68	77757_{632}	78056_{616}	78353_{601}	78646_{584}	78938_{569}
·69	77125_{641}	77440_{623}	77752_{606}	78062_{590}	78369_{574}
·70	76484_{648}	76817_{631}	77146_{613}	77472_{596}	77795_{579}
·71	75836_{655}	76186_{637}	76533_{620}	76876_{602}	77216_{585}
·72	75181_{664}	75549_{645}	75913_{626}	76274_{608}	76631_{589}
·73	74517_{670}	74904_{651}	75287_{632}	75666_{613}	76042_{595}
·74	73847_{678}	74253_{658}	74655_{638}	75053_{619}	75447_{599}
·75	73169	73595	74017	74434	74848
K	$1{\cdot}57080$	$1{\cdot}61244$	$1{\cdot}65962$	$1{\cdot}71389$	$1{\cdot}77752$

0·50 – 0·75

0·5	0·6	0·7	0·8	0·9	1·0
cn u	cn u	cn u	cn u	cn u	cn u
88227_{448}	88319_{440}	88410_{433}	88501_{426}	88592_{419}	88682_{412}
87779_{454}	87879_{447}	87977_{439}	88075_{432}	88173_{425}	88270_{418}
87325_{461}	87432_{453}	87538_{445}	87643_{437}	87748_{429}	87852_{422}
86864_{467}	86979_{459}	87093_{451}	87206_{443}	87319_{435}	87430_{426}
86397_{474}	86520_{465}	86642_{456}	86763_{448}	86884_{440}	87004_{432}
85923_{480}	86055_{471}	86186_{462}	86315_{453}	86444_{444}	86572_{435}
85443_{486}	85584_{477}	85724_{468}	85862_{458}	86000_{449}	86137_{440}
84957_{492}	85107_{482}	85256_{472}	85404_{462}	85551_{453}	85697_{443}
84465_{499}	84625_{488}	84784_{478}	84942_{468}	85098_{457}	85254_{448}
83966_{504}	84137_{494}	84306_{483}	84474_{472}	84641_{462}	84806_{451}
83462_{511}	83643_{499}	83823_{488}	84002_{477}	84179_{465}	84355_{455}
82951_{515}	83144_{504}	83335_{492}	83525_{481}	83714_{470}	83900_{458}
82436_{522}	82640_{509}	82843_{497}	83044_{485}	83244_{473}	83442_{461}
81914_{527}	82131_{514}	82346_{502}	82559_{489}	82771_{477}	82981_{465}
81387_{532}	81617_{520}	81844_{506}	82070_{493}	82294_{480}	82516_{468}
80855_{538}	81097_{523}	81338_{510}	81577_{497}	81814_{484}	82048_{470}
80317_{543}	80574_{529}	80828_{514}	81080_{500}	81330_{487}	81578_{473}
79774_{548}	80045_{533}	80314_{519}	80580_{504}	80843_{489}	81105_{476}
79226_{553}	79512_{538}	79795_{522}	80076_{508}	80354_{493}	80629_{478}
78673_{558}	78974_{542}	79273_{527}	79568_{511}	79861_{495}	80151_{480}
78115_{562}	78432_{546}	78746_{529}	79057_{513}	79366_{499}	79671_{483}
77553_{568}	77886_{550}	78217_{534}	78544_{517}	78867_{500}	79188_{485}
76985_{571}	77336_{554}	77683_{537}	78027_{520}	78367_{503}	78703_{486}
76414_{577}	76782_{558}	77146_{540}	77507_{523}	77864_{506}	78217_{488}
75837_{580}	76224_{562}	76606_{544}	76984_{525}	77358_{507}	77729_{490}
75257	75662	76062	76459	76851	77239
$1·85407$	$1·94957$	$2·07536$	$2·25721$	$2·57809$	

$0{\cdot}75 - 1{\cdot}00$

m	$0{\cdot}0$	$0{\cdot}1$	$0{\cdot}2$	$0{\cdot}3$	$0{\cdot}4$
u	cn u	cn u	cn u	cn u	cn u
$0{\cdot}75$	73169_{685}	73595_{665}	74017_{645}	74434_{624}	74848_{605}
$\cdot 76$	72484_{693}	72930_{671}	73372_{650}	73810_{630}	74243_{609}
$\cdot 77$	71791_{700}	72259_{678}	72722_{656}	73180_{634}	73634_{614}
$\cdot 78$	71091_{706}	71581_{684}	72066_{662}	72546_{640}	73020_{618}
$\cdot 79$	70385_{714}	70897_{691}	71404_{668}	71906_{646}	72402_{623}
$\cdot 80$	69671_{721}	70206_{697}	70736_{673}	71260_{650}	71779_{627}
$\cdot 81$	68950_{728}	69509_{703}	70063_{679}	70610_{655}	71152_{632}
$\cdot 82$	68222_{734}	68806_{709}	69384_{685}	69955_{660}	70520_{636}
$\cdot 83$	67488_{742}	68097_{716}	68699_{690}	69295_{665}	69884_{640}
$\cdot 84$	66746_{748}	67381_{721}	68009_{695}	68630_{669}	69244_{644}
$\cdot 85$	65998_{754}	66660_{728}	67314_{700}	67961_{674}	68600_{648}
$\cdot 86$	65244_{761}	65932_{733}	66614_{706}	67287_{679}	67952_{652}
$\cdot 87$	64483_{768}	65199_{739}	65908_{711}	66608_{683}	67300_{655}
$\cdot 88$	63715_{774}	64460_{744}	65197_{716}	65925_{687}	66645_{659}
$\cdot 89$	62941_{780}	63716_{751}	64481_{721}	65238_{692}	65986_{663}
$\cdot 90$	62161_{786}	62965_{755}	63760_{725}	64546_{696}	65323_{667}
$\cdot 91$	61375_{793}	62210_{762}	63035_{731}	63850_{700}	64656_{670}
$\cdot 92$	60582_{799}	61448_{766}	62304_{735}	63150_{704}	63986_{673}
$\cdot 93$	59783_{804}	60682_{772}	61569_{739}	62446_{707}	63313_{677}
$\cdot 94$	58979_{811}	59910_{778}	60830_{745}	61739_{712}	62636_{679}
$\cdot 95$	58168_{816}	59132_{782}	60085_{748}	61027_{716}	61957_{683}
$\cdot 96$	57352_{822}	58350_{787}	59337_{754}	60311_{719}	61274_{686}
$\cdot 97$	56530_{828}	57563_{793}	58583_{757}	59592_{723}	60588_{689}
$\cdot 98$	55702_{833}	56770_{797}	57826_{762}	58869_{727}	59899_{692}
$\cdot 99$	54869_{839}	55973_{802}	57064_{766}	58142_{730}	59207_{695}
$1{\cdot}00$	54030	55171	56298	57412	58512
K	$1{\cdot}57080$	$1{\cdot}61244$	$1{\cdot}65962$	$1{\cdot}71389$	$1{\cdot}77752$

0·75 – 1·00

0·5	0·6	0·7	0·8	0·9	1·0
cn u	cn u	cn u	cn u	cn u	cn u
75257$_{585}$	75662$_{566}$	76062$_{546}$	76459$_{528}$	76851$_{509}$	77239$_{491}$
74672$_{589}$	75096$_{569}$	75516$_{550}$	75931$_{530}$	76342$_{512}$	76748$_{493}$
74083$_{593}$	74527$_{573}$	74966$_{552}$	75401$_{533}$	75830$_{513}$	76255$_{494}$
73490$_{597}$	73954$_{576}$	74414$_{556}$	74868$_{535}$	75317$_{515}$	75761$_{495}$
72893$_{601}$	73378$_{579}$	73858$_{558}$	74333$_{537}$	74802$_{516}$	75266$_{496}$
72292$_{605}$	72799$_{583}$	73300$_{560}$	73796$_{539}$	74286$_{518}$	74770$_{497}$
71687$_{608}$	72216$_{585}$	72740$_{563}$	73257$_{541}$	73768$_{519}$	74273$_{498}$
71079$_{612}$	71631$_{589}$	72177$_{566}$	72716$_{543}$	73249$_{520}$	73775$_{498}$
70467$_{616}$	71042$_{591}$	71611$_{568}$	72173$_{544}$	72729$_{522}$	73277$_{499}$
69851$_{619}$	70451$_{594}$	71043$_{570}$	71629$_{546}$	72207$_{522}$	72778$_{499}$
69232$_{622}$	69857$_{597}$	70473$_{572}$	71083$_{548}$	71685$_{524}$	72279$_{500}$
68610$_{626}$	69260$_{600}$	69901$_{574}$	70535$_{549}$	71161$_{524}$	71779$_{500}$
67984$_{628}$	68660$_{602}$	69327$_{575}$	69986$_{550}$	70637$_{525}$	71279$_{500}$
67356$_{632}$	68058$_{604}$	68752$_{578}$	69436$_{551}$	70112$_{525}$	70779$_{500}$
66724$_{634}$	67454$_{607}$	68174$_{579}$	68885$_{552}$	69587$_{526}$	70279$_{500}$
66090$_{638}$	66847$_{609}$	67595$_{581}$	68333$_{554}$	69061$_{526}$	69779$_{499}$
65452$_{640}$	66238$_{611}$	67014$_{583}$	67779$_{554}$	68535$_{527}$	69280$_{500}$
64812$_{643}$	65627$_{614}$	66431$_{584}$	67225$_{555}$	68008$_{527}$	68780$_{499}$
64169$_{646}$	65013$_{615}$	65847$_{585}$	66670$_{556}$	67481$_{527}$	68281$_{498}$
63523$_{648}$	64398$_{617}$	65262$_{587}$	66114$_{557}$	66954$_{527}$	67783$_{498}$
62875$_{651}$	63781$_{619}$	64675$_{588}$	65557$_{557}$	66427$_{527}$	67285$_{498}$
62224$_{653}$	63162$_{621}$	64087$_{589}$	65000$_{558}$	65900$_{527}$	66787$_{497}$
61571$_{656}$	62541$_{622}$	63498$_{590}$	64442$_{558}$	65373$_{527}$	66290$_{495}$
60915$_{657}$	61919$_{624}$	62908$_{591}$	63884$_{558}$	64846$_{526}$	65795$_{496}$
60258$_{660}$	61295$_{626}$	62317$_{591}$	63326$_{559}$	64320$_{526}$	65299$_{494}$
59598	60669	61726	62767	63794	64805
1·85407	1·94957	2·07536	2·25721	2·57809	

$1\cdot 00 - 1\cdot 25$

m	$0\cdot 0$	$0\cdot 1$	$0\cdot 2$	$0\cdot 3$	$0\cdot 4$
u	cn u	cn u	cn u	cn u	cn u
$1\cdot 00$	54030_{844}	55171_{807}	56298_{770}	57412_{733}	58512_{698}
$1\cdot 01$	53186_{849}	54364_{811}	55528_{774}	56679_{737}	57814_{700}
$1\cdot 02$	52337_{855}	53553_{817}	54754_{778}	55942_{741}	57114_{703}
$1\cdot 03$	51482_{860}	52736_{820}	53976_{781}	55201_{743}	56411_{705}
$1\cdot 04$	50622_{865}	51916_{825}	53195_{786}	54458_{746}	55706_{708}
$1\cdot 05$	49757_{870}	51091_{830}	52409_{789}	53712_{750}	54998_{710}
$1\cdot 06$	48887_{875}	50261_{833}	51620_{793}	52962_{753}	54288_{713}
$1\cdot 07$	48012_{879}	49428_{838}	50827_{797}	52209_{755}	53575_{715}
$1\cdot 08$	47133_{884}	48590_{842}	50030_{800}	51454_{759}	52860_{717}
$1\cdot 09$	46249_{889}	47748_{846}	49230_{803}	50695_{761}	52143_{720}
$1\cdot 10$	45360_{894}	46902_{850}	48427_{807}	49934_{764}	51423_{721}
$1\cdot 11$	44466_{898}	46052_{854}	47620_{810}	49170_{767}	50702_{724}
$1\cdot 12$	43568_{902}	45198_{858}	46810_{814}	48403_{769}	49978_{726}
$1\cdot 13$	42666_{907}	44340_{861}	45996_{816}	47634_{772}	49252_{727}
$1\cdot 14$	41759_{910}	43479_{865}	45180_{820}	46862_{774}	48525_{730}
$1\cdot 15$	40849_{915}	42614_{869}	44360_{822}	46088_{777}	47795_{731}
$1\cdot 16$	39934_{919}	41745_{872}	43538_{826}	45311_{779}	47064_{733}
$1\cdot 17$	39015_{923}	40873_{876}	42712_{828}	44532_{781}	46331_{735}
$1\cdot 18$	38092_{926}	39997_{879}	41884_{831}	43751_{784}	45596_{736}
$1\cdot 19$	37166_{930}	39118_{882}	41053_{834}	42967_{786}	44860_{738}
$1\cdot 20$	36236_{934}	38236_{885}	40219_{837}	42181_{788}	44122_{740}
$1\cdot 21$	35302_{937}	37351_{888}	39382_{839}	41393_{790}	43382_{741}
$1\cdot 22$	34365_{941}	36463_{892}	38543_{842}	40603_{792}	42641_{743}
$1\cdot 23$	33424_{944}	35571_{894}	37701_{844}	39811_{794}	41898_{744}
$1\cdot 24$	32480_{948}	34677_{897}	36857_{847}	39017_{797}	41154_{745}
$1\cdot 25$	31532	33780	36010	38220	40409
K	$1\cdot 57080$	$1\cdot 61244$	$1\cdot 65962$	$1\cdot 71389$	$1\cdot 77752$

1·00 — 1·25

0·5	0·6	0·7	0·8	0·9	1·0
cn u	cn u	cn u	cn u	cn u	cn u
59598_{662}	60669_{627}	61726_{593}	62767_{558}	63794_{526}	64805_{493}
58936_{664}	60042_{629}	61133_{593}	62209_{559}	63268_{525}	64312_{492}
58272_{667}	59413_{629}	60540_{595}	61650_{559}	62743_{524}	63820_{490}
57605_{668}	58784_{631}	59945_{594}	61091_{559}	62219_{524}	63330_{490}
56937_{669}	58153_{633}	59351_{596}	60532_{559}	61695_{523}	62840_{488}
56268_{672}	57520_{633}	58755_{595}	59973_{559}	61172_{523}	62352_{487}
55596_{673}	56887_{635}	58160_{597}	59414_{559}	60649_{521}	61865_{485}
54923_{675}	56252_{635}	57563_{596}	58855_{558}	60128_{521}	61380_{484}
54248_{677}	55617_{637}	56967_{597}	58297_{558}	59607_{520}	60896_{482}
53571_{678}	54980_{637}	56370_{597}	57739_{557}	59087_{518}	60414_{481}
52893_{680}	54343_{638}	55773_{597}	57182_{558}	58569_{518}	59933_{479}
52213_{681}	53705_{639}	55176_{598}	56624_{556}	58051_{517}	59454_{477}
51532_{682}	53066_{640}	54578_{598}	56068_{556}	57534_{515}	58977_{475}
50850_{684}	52426_{640}	53980_{597}	55512_{556}	57019_{514}	58502_{474}
50166_{685}	51786_{641}	53383_{598}	54956_{555}	56505_{513}	58028_{471}
49481_{686}	51145_{642}	52785_{597}	54401_{554}	55992_{511}	57557_{470}
48795_{687}	50503_{642}	52188_{598}	53847_{553}	55481_{511}	57087_{468}
48108_{689}	49861_{642}	51590_{597}	53294_{553}	54970_{508}	56619_{465}
47419_{689}	49219_{643}	50993_{597}	52741_{552}	54462_{508}	56154_{464}
46730_{691}	48576_{644}	50396_{597}	52189_{551}	53954_{506}	55690_{461}
46039_{691}	47932_{644}	49799_{597}	51638_{550}	53448_{504}	55229_{460}
45348_{693}	47288_{644}	49202_{596}	51088_{549}	52944_{503}	54769_{457}
44655_{693}	46644_{644}	48606_{596}	50539_{548}	52441_{501}	54312_{455}
43962_{694}	46000_{645}	48010_{596}	49991_{548}	51940_{499}	53857_{452}
43268_{695}	45355_{645}	47414_{595}	49443_{546}	51441_{498}	53405_{451}
42573	44710	46819	48897	50943	52954
$1·85407$	$1·94957$	$2·07536$	$2·25721$	$2·57809$	

1·25 – 1·50

m	0·0	0·1	0·2	0·3	0·4
u	cn u	cn u	cn u	cn u	cn u
1·25	31532_{950}	33780_{900}	36010_{849}	38220_{797}	40409_{747}
1·26	30582_{954}	32880_{903}	35161_{851}	37423_{800}	39662_{748}
1·27	29628_{956}	31977_{905}	34310_{854}	36623_{802}	38914_{749}
1·28	28672_{960}	31072_{908}	33456_{855}	35821_{803}	38165_{751}
1·29	27712_{962}	30164_{910}	32601_{858}	35018_{805}	37414_{752}
1·30	26750_{965}	29254_{913}	31743_{860}	34213_{806}	36662_{752}
1·31	25785_{967}	28341_{915}	30883_{862}	33407_{808}	35910_{754}
1·32	24818_{970}	27426_{917}	30021_{863}	32599_{810}	35156_{755}
1·33	23848_{973}	26509_{919}	29158_{866}	31789_{811}	34401_{756}
1·34	22875_{974}	25590_{922}	28292_{867}	30978_{812}	33645_{757}
1·35	21901_{977}	24668_{923}	27425_{869}	30166_{814}	32888_{758}
1·36	20924_{979}	23745_{926}	26556_{871}	29352_{815}	32130_{759}
1·37	19945_{981}	22819_{927}	25685_{872}	28537_{816}	31371_{760}
1·38	18964_{983}	21892_{929}	24813_{874}	27721_{818}	30611_{760}
1·39	17981_{984}	20963_{930}	23939_{875}	26903_{819}	29851_{761}
1·40	16997_{987}	20033_{933}	23064_{877}	26084_{820}	29090_{762}
1·41	16010_{987}	19100_{934}	22187_{878}	25264_{821}	28328_{763}
1·42	15023_{990}	18166_{935}	21309_{880}	24443_{822}	27565_{764}
1·43	14033_{991}	17231_{937}	20429_{881}	23621_{823}	26801_{764}
1·44	13042_{992}	16294_{938}	19548_{882}	22798_{824}	26037_{765}
1·45	12050_{993}	15356_{939}	18666_{883}	21974_{825}	25272_{766}
1·46	11057_{994}	14417_{940}	17783_{884}	21149_{826}	24506_{766}
1·47	10063_{996}	13477_{942}	16899_{885}	20323_{827}	23740_{767}
1·48	09067_{996}	12535_{942}	16014_{886}	19496_{828}	22973_{767}
1·49	08071_{997}	11593_{944}	15128_{887}	18668_{828}	22206_{768}
1·50	07074	10649	14241	17840	21438
K	1·57080	1·61244	1·65962	1·71389	1·77752

1·25 – 1·50

0·5	0·6	0·7	0·8	0·9	1·0
cn u	cn u	cn u	cn u	cn u	cn u
42573_{696}	44710_{645}	46819_{595}	48897_{545}	50943_{496}	52954_{448}
41877_{697}	44065_{645}	46224_{594}	48352_{544}	50447_{495}	52506_{445}
41180_{697}	43420_{645}	45630_{594}	47808_{543}	49952_{492}	52061_{444}
40483_{698}	42775_{646}	45036_{593}	47265_{541}	49460_{491}	51617_{441}
39785_{698}	42129_{645}	44443_{593}	46724_{541}	48969_{489}	51176_{438}
39087_{699}	41484_{646}	43850_{592}	46183_{539}	48480_{487}	50738_{436}
38388_{700}	40838_{645}	43258_{592}	45644_{539}	47993_{486}	50302_{434}
37688_{700}	40193_{646}	42666_{591}	45105_{537}	47507_{483}	49868_{431}
36988_{701}	39547_{645}	42075_{590}	44568_{535}	47024_{482}	49437_{428}
36287_{701}	38902_{646}	41485_{590}	44033_{535}	46542_{480}	49009_{426}
35586_{702}	38256_{645}	40895_{589}	43498_{533}	46062_{478}	48583_{423}
34884_{702}	37611_{645}	40306_{588}	42965_{531}	45584_{475}	48160_{421}
34182_{702}	36966_{645}	39718_{588}	42434_{531}	45109_{474}	47739_{418}
33480_{703}	36321_{645}	39130_{586}	41903_{529}	44635_{472}	47321_{416}
32777_{703}	35676_{644}	38544_{587}	41374_{528}	44163_{470}	46905_{413}
32074_{704}	35032_{645}	37957_{585}	40846_{526}	43693_{468}	46492_{410}
31370_{704}	34387_{644}	37372_{585}	40320_{525}	43225_{466}	46082_{408}
30666_{704}	33743_{644}	36787_{583}	39795_{524}	42759_{464}	45674_{405}
29962_{704}	33099_{644}	36204_{583}	39271_{522}	42295_{462}	45269_{402}
29258_{705}	32455_{644}	35621_{583}	38749_{521}	41833_{460}	44867_{400}
28553_{705}	31811_{643}	35038_{581}	38228_{520}	41373_{458}	44467_{397}
27848_{705}	31168_{643}	34457_{581}	37708_{518}	40915_{456}	44070_{394}
27143_{705}	30525_{643}	33876_{580}	37190_{516}	40459_{453}	43676_{391}
26438_{705}	29882_{643}	33296_{579}	36674_{516}	40006_{452}	43285_{389}
25733_{706}	29239_{642}	32717_{578}	36158_{514}	39554_{450}	42896_{386}
25027	28597	32139	35644	39104	42510
$1·85407$	$1·94957$	$2·07536$	$2·25721$	$2·57809$	

1·50 – 1·75

m u	0·0 cn u	0·1 cn u	0·2 cn u	0·3 cn u	0·4 cn u
1·50	07074_{998}	10649_{944}	14241_{888}	17840_{829}	21438_{768}
1·51	06076_{999}	09705_{945}	13353_{889}	17011_{830}	20670_{769}
1·52	05077_{998}	08760_{946}	12464_{890}	16181_{831}	19901_{769}
1·53	04079_{1000}	07814_{946}	11574_{890}	15350_{831}	19132_{770}
1·54	03079_{1000}	06868_{947}	10684_{891}	14519_{832}	18362_{770}
1·55	02079_{999}	05921_{948}	09793_{891}	13687_{832}	17592_{770}
1·56	01080_{1000}	04973_{948}	08902_{892}	12855_{833}	16822_{771}
1·57	$+00080_{1000}$	04025_{948}	08010_{893}	12022_{833}	16051_{772}
1·58	-00920_{1000}	03077_{948}	07117_{893}	11189_{834}	15279_{771}
1·59	01920_{1000}	02129_{949}	06224_{893}	10355_{835}	14508_{772}
1·60	02920_{999}	01180_{948}	05331_{894}	09520_{834}	13736_{772}
1·61	03919_{999}	$+00232_{949}$	04437_{894}	08686_{835}	12964_{773}
1·62	04918_{999}	-00717_{949}	03543_{894}	07851_{836}	12191_{773}
1·63	05917_{998}	01666_{948}	02649_{894}	07015_{835}	11418_{773}
1·64	06915_{997}	02614_{948}	01755_{894}	06180_{836}	10645_{773}
1·65	07912_{997}	03562_{948}	$+00861_{895}$	05344_{836}	09872_{773}
1·66	08909_{995}	04510_{948}	-00034_{894}	04508_{836}	09099_{774}
1·67	09904_{995}	05458_{947}	00928_{894}	03672_{837}	08325_{774}
1·68	10899_{993}	06405_{947}	01822_{895}	02835_{836}	07551_{774}
1·69	11892_{992}	07352_{946}	02717_{894}	01999_{837}	06777_{774}
1·70	12884_{991}	08298_{945}	03611_{894}	01162_{837}	06003_{774}
1·71	13875_{990}	09243_{945}	04505_{893}	$+00325_{836}$	05229_{774}
1·72	14865_{988}	10188_{944}	05398_{894}	-00511_{837}	04455_{774}
1·73	15853_{987}	11132_{943}	06292_{892}	01348_{836}	03681_{775}
1·74	16840_{985}	12075_{942}	07184_{893}	02184_{837}	02906_{774}
1·75	17825	13017	08077	03021	02132
K	$1·57080$	$1·61244$	$1·65962$	$1·71389$	$1·77752$

1·50 – 1·75

0·5	0·6	0·7	0·8	0·9	1·0
cn u	cn u	cn u	cn u	cn u	cn u
25027_{706}	28597_{642}	32139_{577}	35644_{512}	39104_{447}	42510_{384}
24321_{706}	27955_{642}	31562_{577}	35132_{511}	38657_{446}	42126_{381}
23615_{706}	27313_{641}	30985_{576}	34621_{510}	38211_{443}	41745_{377}
22909_{706}	26672_{641}	30409_{574}	34111_{508}	37768_{442}	41368_{376}
22203_{706}	26031_{641}	29835_{575}	33603_{507}	37326_{439}	40992_{372}
21497_{707}	25390_{640}	29260_{573}	33096_{505}	36887_{438}	40620_{370}
20790_{706}	24750_{641}	28687_{572}	32591_{504}	36449_{435}	40250_{367}
20084_{707}	24109_{639}	28115_{572}	32087_{503}	36014_{433}	39883_{365}
19377_{706}	23470_{640}	27543_{571}	31584_{501}	35581_{432}	39518_{361}
18671_{707}	22830_{639}	26972_{570}	31083_{500}	35149_{429}	39157_{359}
17964_{707}	22191_{639}	26402_{569}	30583_{498}	34720_{427}	38798_{356}
17257_{707}	21552_{639}	25833_{569}	30085_{497}	34293_{425}	38442_{354}
16550_{707}	20913_{638}	25264_{567}	29588_{496}	33868_{423}	38088_{351}
15843_{706}	20275_{638}	24697_{567}	29092_{494}	33445_{422}	37737_{348}
15137_{707}	19637_{638}	24130_{566}	28598_{493}	33023_{419}	37389_{345}
14430_{707}	18999_{637}	23564_{566}	28105_{492}	32604_{417}	37044_{343}
13723_{707}	18362_{637}	22998_{564}	27613_{490}	32187_{415}	36701_{340}
13016_{707}	17725_{637}	22434_{564}	27123_{489}	31772_{413}	36361_{337}
12309_{707}	17088_{636}	21870_{563}	26634_{488}	31359_{412}	36024_{335}
11602_{707}	16452_{637}	21307_{563}	26146_{486}	30947_{409}	35689_{332}
10895_{707}	15815_{636}	20744_{561}	25660_{486}	30538_{407}	35357_{330}
10188_{708}	15179_{635}	20183_{561}	25174_{484}	30131_{406}	35027_{326}
09480_{707}	14544_{636}	19622_{561}	24690_{482}	29725_{404}	34701_{325}
08773_{707}	13908_{635}	19061_{559}	24208_{482}	29321_{401}	34376_{321}
08066_{707}	13273_{635}	18502_{559}	23726_{480}	28920_{400}	34055_{319}
07359	12638	17943	23246	28520	33736
$1·85407$	$1·94957$	$2·07536$	$2·25721$	$2·57809$	

1·75−2·00

m	0·0	0·1	0·2	0·3	0·4
u	cn u	cn u	cn u	cn u	cn u
1·75	17825_{983}	13017_{941}	08077_{892}	03021_{836}	02132_{775}
1·76	18808_{981}	13958_{940}	08969_{891}	03857_{837}	01357_{775}
1·77	19789_{979}	14898_{938}	09860_{891}	04694_{836}	$+00582_{774}$
1·78	20768_{977}	15836_{938}	10751_{890}	05530_{835}	-00192_{775}
1·79	21745_{975}	16774_{936}	11641_{890}	06365_{836}	00967_{774}
1·80	22720_{973}	17710_{934}	12531_{889}	07201_{835}	01741_{775}
1·81	23693_{970}	18644_{934}	13420_{888}	08036_{835}	02516_{774}
1·82	24663_{968}	19578_{931}	14308_{887}	08871_{835}	03290_{775}
1·83	25631_{965}	20509_{930}	15195_{886}	09706_{834}	04065_{774}
1·84	26596_{963}	21439_{928}	16081_{885}	10540_{834}	04839_{774}
1·85	27559_{960}	22367_{926}	16966_{884}	11374_{833}	05613_{774}
1·86	28519_{957}	23293_{925}	17850_{883}	12207_{833}	06387_{774}
1·87	29476_{954}	24218_{922}	18733_{882}	13040_{832}	07161_{774}
1·88	30430_{951}	25140_{921}	19615_{880}	13872_{832}	07935_{774}
1·89	31381_{948}	26061_{918}	20495_{880}	14704_{831}	08709_{774}
1·90	32329_{945}	26979_{916}	21375_{878}	15535_{830}	09483_{773}
1·91	33274_{941}	27895_{914}	22253_{877}	16365_{830}	10256_{773}
1·92	34215_{938}	28809_{911}	23130_{875}	17195_{829}	11029_{773}
1·93	35153_{934}	29720_{909}	24005_{874}	18024_{828}	11802_{772}
1·94	36087_{931}	30629_{907}	24879_{872}	18852_{828}	12574_{773}
1·95	37018_{927}	31536_{904}	25751_{870}	19680_{826}	13347_{772}
1·96	37945_{923}	32440_{901}	26621_{869}	20506_{826}	14119_{772}
1·97	38868_{920}	33341_{898}	27490_{867}	21332_{825}	14891_{771}
1·98	39788_{915}	34239_{896}	28357_{866}	22157_{824}	15662_{771}
1·99	40703_{912}	35135_{893}	29223_{863}	22981_{823}	16433_{771}
2·00	41615	36028	30086	23804	17204
K	1·57080	1·61244	1·65962	1·71389	1·77752

1·75 – 2·00

0·5	0·6	0·7	0·8	0·9	1·0
cn u	cn u	cn u	cn u	cn u	cn u
07359_{707}	12638_{635}	17943_{559}	23246_{479}	28520_{398}	33736_{316}
06652_{707}	12003_{634}	17384_{557}	22767_{478}	28122_{396}	33420_{314}
05945_{707}	11369_{635}	16827_{558}	22289_{477}	27726_{394}	33106_{311}
05238_{707}	10734_{634}	16269_{556}	21812_{475}	27332_{393}	32795_{309}
04531_{707}	10100_{634}	15713_{556}	21337_{475}	26939_{391}	32486_{306}
03824_{707}	09466_{633}	15157_{556}	20862_{473}	26548_{388}	32180_{303}
03117_{708}	08833_{634}	14601_{555}	20389_{472}	26160_{388}	31877_{301}
02409_{707}	08199_{633}	14046_{554}	19917_{472}	25772_{385}	31576_{298}
01702_{707}	07566_{634}	13492_{554}	19445_{470}	25387_{383}	31278_{296}
00995_{707}	06932_{633}	12938_{553}	18975_{469}	25004_{382}	30982_{293}
$+00288_{707}$	06299_{633}	12385_{553}	18506_{468}	24622_{381}	30689_{291}
-00419_{707}	05666_{633}	11832_{553}	18038_{467}	24241_{378}	30398_{288}
01126_{707}	05033_{632}	11279_{552}	17571_{466}	23863_{377}	30110_{286}
01833_{707}	04401_{633}	10727_{551}	17105_{466}	23486_{375}	29824_{284}
02540_{707}	03768_{633}	10176_{551}	16639_{464}	23111_{374}	29540_{281}
03247_{708}	03135_{632}	09625_{551}	16175_{463}	22737_{372}	29259_{278}
03955_{707}	02503_{633}	09074_{551}	15712_{463}	22365_{370}	28981_{277}
04662_{707}	01870_{632}	08523_{550}	15249_{461}	21995_{369}	28704_{273}
05369_{707}	01238_{633}	07973_{550}	14788_{461}	21626_{367}	28431_{272}
06076_{707}	$+00605_{632}$	07423_{549}	14327_{460}	21259_{366}	28159_{269}
06783_{707}	-00027_{633}	06874_{550}	13867_{460}	20893_{364}	27890_{266}
07490_{707}	00660_{632}	06324_{549}	13407_{458}	20529_{363}	27624_{265}
08197_{707}	01292_{633}	05775_{549}	12949_{458}	20166_{361}	27359_{262}
08904_{707}	01925_{632}	05226_{548}	12491_{457}	19805_{360}	27097_{259}
09611_{707}	02557_{633}	04678_{549}	12034_{456}	19445_{358}	26838_{258}
10318	03190	04129	11578	19087	26580
1·85407	1·94957	2·07536	2·25721	2·57809	

2·00 − 2·25

u \ m	0·6	0·7	0·8	0·9	1·0
	cn u	cn u	cn u	cn u	cn u
2·00	03190_{633}	04129_{548}	11578_{456}	19087_{357}	26580_{255}
2·01	03823_{632}	03581_{548}	11122_{455}	18730_{356}	26325_{253}
2·02	04455_{633}	03033_{548}	10667_{454}	18374_{354}	26072_{250}
2·03	05088_{633}	02485_{548}	10213_{454}	18020_{353}	25822_{249}
2·04	05721_{633}	01937_{548}	09759_{453}	17667_{352}	25573_{246}
2·05	06354_{633}	01389_{548}	09306_{453}	17315_{350}	25327_{244}
2·06	06987_{633}	00841_{547}	08853_{452}	16965_{349}	25083_{241}
2·07	07620_{634}	$+00294_{548}$	08401_{451}	16616_{348}	24842_{240}
2·08	08254_{633}	-00254_{548}	07950_{452}	16268_{346}	24602_{237}
2·09	08887_{634}	00802_{547}	07498_{450}	15922_{346}	24365_{236}
2·10	09521_{634}	01349_{548}	07048_{451}	15576_{344}	24129_{233}
2·11	10155_{634}	01897_{548}	06597_{449}	15232_{343}	23896_{231}
2·12	10789_{635}	02445_{548}	06148_{450}	14889_{342}	23665_{229}
2·13	11424_{634}	02993_{548}	05698_{449}	14547_{341}	23436_{226}
2·14	12058_{635}	03541_{549}	05249_{449}	14206_{340}	23210_{225}
2·15	12693_{635}	04090_{548}	04800_{449}	13866_{338}	22985_{223}
2·16	13328_{635}	04638_{549}	04351_{448}	13528_{338}	22762_{220}
2·17	13963_{636}	05187_{548}	03903_{448}	13190_{336}	22542_{219}
2·18	14599_{635}	05735_{549}	03455_{448}	12854_{336}	22323_{217}
2·19	15234_{636}	06284_{550}	03007_{448}	12518_{335}	22106_{214}
2·20	15870_{637}	06834_{549}	02559_{447}	12183_{333}	21892_{213}
2·21	16507_{636}	07383_{550}	02112_{448}	11850_{333}	21679_{210}
2·22	17143_{637}	07933_{550}	01664_{447}	11517_{332}	21469_{209}
2·23	17780_{637}	08483_{551}	01217_{448}	11185_{331}	21260_{207}
2·24	18417_{638}	09034_{551}	00769_{447}	10854_{330}	21053_{205}
2·25	19055	09585	00322	10524	20848
K	$1·94957$	$2·07536$	$2·25721$	$2·57809$	

$2 \cdot 25 - 2 \cdot 50$

m	$0 \cdot 6$	$0 \cdot 7$	$0 \cdot 8$	$0 \cdot 9$	$1 \cdot 0$
u	cn u	cn u	cn u	cn u	cn u
2·25	19055_{637}	09585_{551}	$+00322_{447}$	10524_{329}	20848_{203}
2·26	19692_{638}	10136_{551}	-00125_{447}	10194_{328}	20645_{201}
2·27	20330_{639}	10687_{552}	00572_{447}	09866_{328}	20444_{199}
2·28	20969_{638}	11239_{553}	01019_{448}	09538_{327}	20245_{197}
2·29	21607_{639}	11792_{553}	01467_{447}	09211_{326}	20048_{196}
2·30	22246_{639}	12345_{553}	01914_{448}	08885_{326}	19852_{193}
2·31	22885_{640}	12898_{554}	02362_{447}	08559_{325}	19659_{192}
2·32	23525_{640}	13452_{554}	02809_{448}	08234_{324}	19467_{190}
2·33	24165_{640}	14006_{555}	03257_{448}	07910_{324}	19277_{189}
2·34	24805_{640}	14561_{555}	03705_{448}	07586_{323}	19088_{186}
2·35	25445_{641}	15116_{556}	04153_{449}	07263_{323}	18902_{185}
2·36	26086_{641}	15672_{557}	04602_{449}	06940_{322}	18717_{183}
2·37	26727_{642}	16229_{557}	05051_{449}	06618_{321}	18534_{181}
2·38	27369_{641}	16786_{558}	05500_{449}	06297_{321}	18353_{180}
2·39	28010_{642}	17344_{558}	05949_{450}	05976_{320}	18173_{178}
2·40	28652_{643}	17902_{559}	06399_{450}	05656_{320}	17995_{176}
2·41	29295_{642}	18461_{560}	06849_{451}	05336_{320}	17819_{174}
2·42	29937_{643}	19021_{560}	07300_{451}	05016_{319}	17645_{173}
2·43	30580_{643}	19581_{561}	07751_{451}	04697_{319}	17472_{171}
2·44	31223_{644}	20142_{562}	08202_{452}	04378_{319}	17301_{170}
2·45	31867_{643}	20704_{562}	08654_{452}	04059_{318}	17131_{168}
2·46	32510_{644}	21266_{563}	09106_{453}	03741_{318}	16963_{166}
2·47	33154_{644}	21829_{564}	09559_{454}	03423_{317}	16797_{165}
2·48	33798_{645}	22393_{564}	10013_{454}	03106_{317}	16632_{163}
2·49	34443_{644}	22957_{566}	10467_{455}	02789_{317}	16469_{162}
2·50	35087	23523	10922	02472	16307
K	$1 \cdot 94957$	$2 \cdot 07536$	$2 \cdot 25721$	$2 \cdot 57809$	

2·50 − 3·00

m		0·9	1·0	m		0·9	1·0
u		cn u	cn u	u		cn u	cn u
2·50		02472_{317}	16307_{160}	2·75		05458_{320}	12734_{126}
2·51		02155_{317}	16147_{159}	2·76		05778_{320}	12608_{125}
2·52		01838_{317}	15988_{157}	2·77		06098_{322}	12483_{123}
2·53		01521_{316}	15831_{155}	2·78		06420_{321}	12360_{122}
2·54		01205_{317}	15676_{154}	2·79		06741_{322}	12238_{121}
2·55		00888_{316}	15522_{153}	2·80		07063_{323}	12117_{119}
2·56		00572_{316}	15369_{151}	2·81		07386_{323}	11998_{119}
2·57	+	00256_{316}	15218_{150}	2·82		07709_{324}	11879_{117}
2·58	−	00060_{317}	15068_{148}	2·83		08033_{325}	11762_{117}
2·59		00377_{316}	14920_{147}	2·84		08358_{325}	11645_{115}
2·60		00693_{316}	14773_{145}	2·85		08683_{326}	11530_{114}
2·61		01009_{317}	14628_{144}	2·86		09009_{327}	11416_{113}
2·62		01326_{316}	14484_{143}	2·87		09336_{327}	11303_{111}
2·63		01642_{317}	14341_{141}	2·88		09663_{328}	11192_{111}
2·64		01959_{316}	14200_{140}	2·89		09991_{329}	11081_{110}
2·65		02275_{317}	14060_{138}	2·90		10320_{330}	10971_{108}
2·66		02592_{318}	13922_{138}	2·91		10650_{330}	10863_{108}
2·67		02910_{317}	13784_{136}	2·92		10980_{331}	10755_{106}
2·68		03227_{318}	13648_{134}	2·93		11311_{333}	10649_{105}
2·69		03545_{318}	13514_{133}	2·94		11644_{333}	10544_{105}
2·70		03863_{318}	13381_{132}	2·95		11977_{334}	10439_{103}
2·71		04181_{319}	13249_{131}	2·96		12311_{335}	10336_{102}
2·72		04500_{319}	13118_{129}	2·97		12646_{336}	10234_{102}
2·73		04819_{319}	12989_{129}	2·98		12982_{337}	10132_{100}
2·74		05138_{320}	12860_{126}	2·99		13319_{338}	10032_{99}
2·75		05458	12734	3·00		13657	09933
K		2·57809				2·57809	

$3{\cdot}00-3{\cdot}50$

m	$1{\cdot}0$	m	$1{\cdot}0$
u	cn u, dn u	u	cn u, dn u
3·00	09933$_{99}$	3·25	07743$_{77}$
3·01	09834$_{97}$	3.26	07666$_{76}$
3·02	09737$_{96}$	3·27	07590$_{75}$
3·03	09641$_{96}$	3·28	07515$_{75}$
3·04	09545$_{94}$	3·29	07440$_{73}$
3·05	09451$_{94}$	3·30	07367$_{73}$
3·06	09357$_{93}$	3·31	07294$_{73}$
3·07	09264$_{92}$	3·32	07221$_{72}$
3·08	09172$_{90}$	3·33	07149$_{70}$
3·09	09082$_{90}$	3·34	07079$_{71}$
3·10	08992$_{90}$	3·35	07008$_{69}$
3·11	08902$_{88}$	3·36	06939$_{69}$
3·12	08814$_{87}$	3·37	06870$_{68}$
3·13	08727$_{87}$	3·38	06802$_{68}$
3·14	08640$_{85}$	3·39	06734$_{67}$
3·15	08555$_{85}$	3·40	06667$_{66}$
3·16	08470$_{84}$	3·41	06601$_{66}$
3·17	08386$_{83}$	3·42	06535$_{64}$
3·18	08303$_{83}$	3·43	06471$_{65}$
3·19	08220$_{81}$	3·44	06406$_{63}$
3·20	08139$_{81}$	3·45	06343$_{63}$
3·21	08058$_{80}$	3·46	06280$_{63}$
3·22	07978$_{79}$	3·47	06217$_{61}$
3·23	07899$_{78}$	3·48	06156$_{61}$
3·24	07821$_{78}$	3·49	06095$_{61}$
3·25	07743	3·50	06034

Für $m = 1{\cdot}0$ siehe auch Seiten 65, 49, 51, 53, 55, 57.

Tafel der elliptischen Funktion
dn $(u|m)$
nach Werten von $m = k^2$

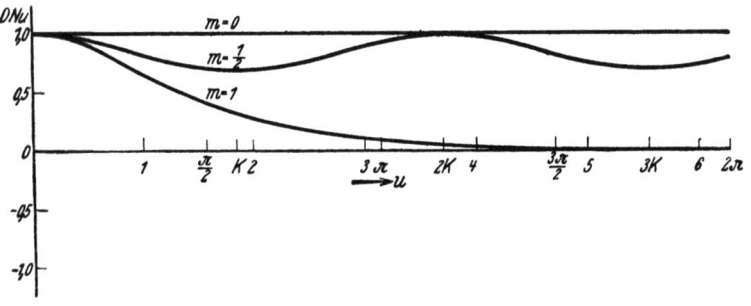

0·00 − 0·25

m	0·1	0·2	0·3	0·4	0·5
u	dn u	dn u	dn u	dn u	dn u
0·00	1·00000	1·00000$_1$	1·00000$_1$	1·00000$_2$	1·00000$_2$
·01	1·00000$_2$	99999$_3$	99999$_5$	99998$_6$	99998$_8$
·02	99998$_2$	99996$_5$	99994$_7$	99992$_{10}$	99990$_{12}$
·03	99996$_4$	99991$_7$	99987$_{11}$	99982$_{14}$	99978$_{18}$
·04	99992$_4$	99984$_9$	99976$_{13}$	99968$_{18}$	99960$_{22}$
·05	99988$_6$	99975$_{11}$	99963$_{17}$	99950$_{22}$	99938$_{28}$
·06	99982$_6$	99964$_{13}$	99946$_{19}$	99928$_{26}$	99910$_{32}$
·07	99976$_8$	99951$_{15}$	99927$_{23}$	99902$_{30}$	99878$_{38}$
·08	99968$_8$	99936$_{17}$	99904$_{25}$	99872$_{34}$	99840$_{42}$
·09	99960$_{10}$	99919$_{19}$	99879$_{28}$	99838$_{37}$	99798$_{47}$
·10	99950$_{10}$	99900$_{20}$	99851$_{32}$	99801$_{42}$	99751$_{52}$
·11	99940$_{12}$	99880$_{23}$	99819$_{34}$	99759$_{45}$	99699$_{57}$
·12	99928$_{12}$	99857$_{25}$	99785$_{37}$	99714$_{50}$	99642$_{62}$
·13	99916$_{13}$	99832$_{27}$	99748$_{40}$	99664$_{53}$	99580$_{66}$
·14	99903$_{15}$	99805$_{28}$	99708$_{43}$	99611$_{57}$	99514$_{72}$
·15	99888$_{15}$	99777$_{31}$	99665$_{45}$	99554$_{61}$	99442$_{76}$
·16	99873$_{16}$	99746$_{32}$	99620$_{49}$	99493$_{65}$	99366$_{81}$
·17	99857$_{17}$	99714$_{34}$	99571$_{51}$	99428$_{68}$	99285$_{85}$
·18	99840$_{18}$	99680$_{36}$	99520$_{55}$	99360$_{73}$	99200$_{90}$
·19	99822$_{19}$	99644$_{38}$	99465$_{56}$	99287$_{75}$	99110$_{95}$
·20	99803$_{20}$	99606$_{40}$	99409$_{60}$	99212$_{80}$	99015$_{99}$
·21	99783$_{21}$	99566$_{42}$	99349$_{63}$	99132$_{83}$	98916$_{104}$
·22	99762$_{22}$	99524$_{43}$	99286$_{65}$	99049$_{87}$	98812$_{109}$
·23	99740$_{22}$	99481$_{46}$	99221$_{67}$	98962$_{90}$	98703$_{112}$
·24	99718$_{24}$	99435$_{46}$	99154$_{71}$	98872$_{94}$	98591$_{118}$
·25	99694	99389	99083	98778	98473
K	1·61244	1·65962	1·71389	1·77752	1·85407

dn $(u, 0) = 1$

0·00−0·25

0·6	0·7	0·8	0·9	1·0
dn u	dn u	dn u	dn u	dn u
$1\cdot00000_3$	$1\cdot00000_3$	$1\cdot00000_4$	$1\cdot00000_4$	$1\cdot00000_5$
99997_9	99997_{11}	99996_{12}	99996_{14}	99995_{15}
99988_{15}	99986_{17}	99984_{20}	99982_{22}	99980_{25}
99973_{21}	99969_{25}	99964_{28}	99960_{32}	99955_{35}
99952_{27}	99944_{31}	99936_{36}	99928_{40}	99920_{45}
99925_{33}	99913_{39}	99900_{44}	99888_{50}	99875_{55}
99892_{39}	99874_{45}	99856_{52}	99838_{58}	99820_{65}
99853_{45}	99829_{52}	99804_{59}	99780_{67}	99755_{74}
99808_{50}	99777_{60}	99745_{68}	99713_{76}	99681_{85}
99758_{57}	99717_{66}	99677_{75}	99637_{85}	99596_{94}
99701_{62}	99651_{72}	99602_{84}	99552_{94}	99502_{104}
99639_{69}	99579_{80}	99518_{91}	99458_{102}	99398_{114}
99570_{74}	99499_{87}	99427_{98}	99356_{111}	99284_{123}
99496_{80}	99412_{93}	99329_{107}	99245_{120}	99161_{133}
99416_{85}	99319_{100}	99222_{114}	99125_{128}	99028_{143}
99331_{92}	99219_{106}	99108_{122}	98997_{137}	98885_{151}
99239_{96}	99113_{113}	98986_{129}	98860_{145}	98734_{162}
99143_{103}	99000_{120}	98857_{136}	98715_{154}	98572_{170}
99040_{108}	98880_{126}	98721_{144}	98561_{162}	98402_{180}
98932_{114}	98754_{132}	98577_{152}	98399_{170}	98222_{189}
98818_{119}	98622_{139}	98425_{158}	98229_{178}	98033_{198}
98699_{124}	98483_{145}	98267_{166}	98051_{187}	97835_{207}
98575_{130}	98338_{152}	98101_{173}	97864_{194}	97628_{216}
98445_{136}	98186_{157}	97928_{180}	97670_{202}	97412_{224}
98309_{140}	98029_{164}	97748_{187}	97468_{210}	97188_{234}
98169	97865	97561	97258	96954
$1\cdot94957$	$2\cdot07536$	$2\cdot25721$	$2\cdot57809$	

0·25 – 0·50

m	0·1	0·2	0·3	0·4	0·5
u	dn u	dn u	dn u	dn u	dn u
·25	99694_{24}	99389_{49}	99083_{73}	98778_{97}	98473_{121}
·26	99670_{26}	99340_{51}	99010_{75}	98681_{101}	98352_{126}
·27	99644_{26}	99289_{52}	98935_{79}	98580_{104}	98226_{130}
·28	99618_{27}	99237_{54}	98856_{80}	98476_{107}	98096_{134}
·29	99591_{27}	99183_{55}	98776_{83}	98369_{111}	97962_{138}
·30	99564_{29}	99128_{57}	98693_{86}	98258_{114}	97824_{142}
·31	99535_{29}	99071_{59}	98607_{88}	98144_{117}	97682_{146}
·32	99506_{31}	99012_{60}	98519_{90}	98027_{120}	97536_{151}
·33	99475_{31}	98952_{62}	98429_{93}	97907_{124}	97385_{154}
·34	99444_{31}	98890_{64}	98336_{95}	97783_{126}	97231_{158}
·35	99413_{33}	98826_{65}	98241_{97}	97657_{130}	97073_{161}
·36	99380_{33}	98761_{66}	98144_{100}	97527_{132}	96912_{165}
·37	99347_{34}	98695_{68}	98044_{101}	97395_{136}	96747_{169}
·38	99313_{35}	98627_{69}	97943_{104}	97259_{138}	96578_{173}
·39	99278_{35}	98558_{71}	97839_{106}	97121_{141}	96405_{175}
·40	99243_{37}	98487_{72}	97733_{108}	96980_{143}	96230_{180}
·41	99206_{36}	98415_{74}	97625_{110}	96837_{147}	96050_{182}
·42	99170_{38}	98341_{75}	97515_{112}	96690_{149}	95868_{186}
·43	99132_{38}	98266_{76}	97403_{114}	96541_{151}	95682_{189}
·44	99094_{39}	98190_{77}	97289_{116}	96390_{154}	95493_{192}
·45	99055_{39}	98113_{79}	97173_{117}	96236_{156}	95301_{195}
·46	99016_{40}	98034_{79}	97056_{120}	96080_{159}	95106_{198}
·47	98976_{41}	97955_{81}	96936_{121}	95921_{161}	94908_{201}
·48	98935_{41}	97874_{82}	96815_{123}	95760_{164}	94707_{203}
·49	98894_{42}	97792_{84}	96692_{124}	95596_{165}	94504_{207}
·50	98852	97708	96568	95431	94297
K	$1·61244$	$1·65962$	$1·71389$	$1·77752$	$1·85407$

dn $(u, 0) = 1$

0·25 — 0·50

0·6	0·7	0·8	0·9	1·0	1·0
dn u	dn u	dn u	dn u	dn u	dn 10 u, cn 10 u
98169_{146}	97865_{170}	97561_{194}	97258_{218}	96954_{241}	
98023_{150}	97695_{175}	97367_{200}	97040_{226}	96713_{250}	
97873_{156}	97520_{182}	97167_{207}	96814_{232}	96463_{259}	
97717_{161}	97338_{187}	96960_{214}	96582_{241}	96204_{267}	
97556_{165}	97151_{193}	96746_{220}	96341_{247}	95937_{274}	
97391_{171}	96958_{199}	96526_{227}	96094_{255}	95663_{283}	
97220_{175}	96759_{204}	96299_{233}	95839_{262}	95380_{290}	
97045_{180}	96555_{210}	96066_{239}	95577_{268}	95090_{298}	
96865_{185}	96345_{215}	95827_{246}	95309_{276}	94792_{306}	
96680_{189}	96130_{220}	95581_{251}	95033_{282}	94486_{313}	
96491_{193}	95910_{225}	95330_{257}	94751_{289}	94173_{321}	
96298_{198}	95685_{231}	95073_{263}	94462_{295}	93852_{327}	
96100_{202}	95454_{235}	94810_{269}	94167_{302}	93525_{335}	
95898_{207}	95219_{241}	94541_{274}	93865_{308}	93190_{341}	
95691_{210}	94978_{245}	94267_{280}	93557_{314}	92849_{348}	
95481_{215}	94733_{250}	93987_{285}	93243_{320}	92501_{355}	03662_{348}
95266_{219}	94483_{254}	93702_{290}	92923_{325}	92146_{361}	03314_{316}
95047_{222}	94229_{259}	93412_{295}	92598_{332}	91785_{368}	02998_{285}
94825_{226}	93970_{263}	93117_{300}	92266_{337}	91417_{373}	02713_{258}
94599_{230}	93707_{268}	92817_{305}	91929_{342}	91044_{380}	02455_{233}
94369_{234}	93439_{272}	92512_{310}	91587_{348}	90664_{385}	02222_{212}
94135_{237}	93167_{276}	92202_{315}	91239_{353}	90279_{391}	02010_{191}
93898_{240}	92891_{279}	91887_{319}	90886_{358}	89888_{397}	01819_{173}
93658_{244}	92612_{284}	91568_{323}	90528_{363}	89491_{402}	01646_{157}
93414_{247}	92328_{287}	91245_{328}	90165_{367}	89089_{407}	01489_{141}
93167	92041	90917	89798	88682	01348
$1·94957$	$2·07536$	$2·25721$	$2·57809$		

Milne-Thomson, Elliptische Funktionen.

0·50−0·75

m	0·1	0·2	0·3	0·4	0·5
u	$\operatorname{dn} u$	$\operatorname{dn} u$	$\operatorname{dn} u$	$\operatorname{dn} u$	$\operatorname{dn} u$
0·50	98852_{42}	97708_{84}	96568_{126}	95431_{168}	94297_{209}
·51	98810_{42}	97624_{85}	96442_{128}	95263_{169}	94088_{211}
·52	98768_{44}	97539_{86}	96314_{129}	95094_{172}	93877_{214}
·53	98724_{43}	97453_{88}	96185_{130}	94922_{174}	93663_{217}
·54	98681_{45}	97365_{88}	96055_{132}	94748_{175}	93446_{218}
·55	98636_{44}	97277_{89}	95923_{134}	94573_{177}	93228_{221}
·56	98592_{45}	97188_{90}	95789_{134}	94396_{179}	93007_{223}
·57	98547_{46}	97098_{91}	95655_{136}	94217_{181}	92784_{225}
·58	98501_{46}	97007_{91}	95519_{137}	94036_{182}	92559_{227}
·59	98455_{46}	96916_{93}	95382_{138}	93854_{184}	92332_{229}
·60	98409_{47}	96823_{93}	95244_{139}	93670_{185}	92103_{231}
·61	98362_{47}	96730_{93}	95105_{141}	93485_{186}	91872_{232}
·62	98315_{47}	96637_{95}	94964_{141}	93299_{188}	91640_{235}
·63	98268_{48}	96542_{95}	94823_{142}	93111_{189}	91405_{235}
·64	98220_{48}	96447_{95}	94681_{143}	92922_{190}	91170_{237}
·65	98172_{48}	96352_{97}	94538_{144}	92732_{192}	90933_{239}
·66	98124_{48}	96255_{96}	94394_{145}	92540_{192}	90694_{240}
·67	98076_{49}	96159_{97}	94249_{145}	92348_{193}	90454_{241}
·68	98027_{49}	96062_{98}	94104_{146}	92155_{195}	90213_{242}
·69	97978_{49}	95964_{98}	93958_{147}	91960_{195}	89971_{244}
·70	97929_{49}	95866_{98}	93811_{147}	91765_{196}	89727_{244}
·71	97880_{50}	95768_{99}	93664_{148}	91569_{196}	89483_{245}
·72	97830_{49}	95669_{99}	93516_{148}	91373_{198}	89238_{246}
·73	97781_{50}	95570_{99}	93368_{148}	91175_{197}	88992_{247}
·74	97731_{50}	95471_{100}	93220_{149}	90978_{199}	88745_{248}
·75	97681	95371	93071	90779	88497
K	1·61244	1·65962	1·71389	1·77752	1·85407

$\operatorname{dn}(u, 0) = 1$

0·50 — 0·75

0·6	0·7	0·8	0·9	1·0	1·0
dn u	dn u	dn u	dn u	dn u	dn 10u, cn 10u
93167_{250}	92041_{291}	90917_{331}	89798_{372}	88682_{412}	01348_{129}
92917_{253}	91750_{295}	90586_{336}	89426_{377}	88270_{418}	01219_{116}
92664_{256}	91455_{298}	90250_{339}	89049_{381}	87852_{422}	01103_{105}
92408_{259}	91157_{301}	89911_{344}	88668_{385}	87430_{426}	00998_{95}
92149_{262}	90856_{304}	89567_{347}	88283_{389}	87004_{432}	00903_{86}
91887_{264}	90552_{308}	89220_{350}	87894_{393}	86572_{435}	00817_{77}
91623_{267}	90244_{310}	88870_{354}	87501_{397}	86137_{440}	00740_{71}
91356_{269}	89934_{314}	88516_{357}	87104_{400}	85697_{443}	00669_{63}
91087_{272}	89620_{316}	88159_{360}	86704_{404}	85254_{448}	00606_{58}
90815_{274}	89304_{318}	87799_{363}	86300_{408}	84806_{451}	00548_{52}
90541_{276}	88986_{322}	87436_{366}	85892_{410}	84355_{455}	00496_{47}
90265_{278}	88664_{323}	87070_{369}	85482_{414}	83900_{458}	00449_{43}
89987_{280}	88341_{326}	86701_{371}	85068_{416}	83442_{461}	00406_{39}
89707_{282}	88015_{328}	86330_{374}	84652_{420}	82981_{465}	00367_{35}
89425_{284}	87687_{331}	85956_{376}	84232_{422}	82516_{468}	00332_{31}
89141_{286}	87356_{332}	85580_{379}	83810_{424}	82048_{470}	00301_{29}
88855_{287}	87024_{334}	85201_{381}	83386_{428}	81578_{473}	00272_{26}
88568_{288}	86690_{336}	84820_{382}	82958_{429}	81105_{476}	00246_{23}
88280_{290}	86354_{337}	84438_{385}	82529_{431}	80629_{478}	00223_{21}
87990_{292}	86017_{339}	84053_{387}	82098_{434}	80151_{480}	00202_{20}
87698_{292}	85678_{341}	83666_{388}	81664_{436}	79671_{483}	00182_{17}
87406_{294}	85337_{341}	83278_{389}	81228_{437}	79188_{485}	00165_{16}
87112_{295}	84996_{343}	82889_{391}	80791_{439}	78703_{486}	00149_{14}
86817_{295}	84653_{345}	82498_{393}	80352_{440}	78217_{488}	00135_{13}
86522_{297}	84308_{345}	82105_{394}	79912_{442}	77729_{490}	00122_{11}
86225	83963	81711	79470	77239	00111
$1\cdot 94957$	$2\cdot 07536$	$2\cdot 25721$	$2\cdot 57809$		

0·75 − 1·00

m	0·1	0·2	0·3	0·4	0·5
u	dn u	dn u	dn u	dn u	dn u
0·75	97681$_{50}$	95371$_{99}$	93071$_{150}$	90779$_{199}$	88497$_{248}$
·76	97631$_{50}$	95272$_{100}$	92921$_{149}$	90580$_{199}$	88249$_{248}$
·77	97581$_{50}$	95172$_{100}$	92772$_{150}$	90381$_{199}$	88001$_{249}$
·78	97531$_{50}$	95072$_{100}$	92622$_{150}$	90182$_{200}$	87752$_{250}$
·79	97481$_{50}$	94972$_{100}$	92472$_{150}$	89982$_{200}$	87502$_{249}$
·80	97431$_{50}$	94872$_{100}$	92322$_{150}$	89782$_{200}$	87253$_{250}$
·81	97381$_{49}$	94772$_{100}$	92172$_{150}$	89582$_{200}$	87003$_{250}$
·82	97332$_{50}$	94672$_{100}$	92022$_{150}$	89382$_{199}$	86753$_{250}$
·83	97282$_{50}$	94572$_{100}$	91872$_{149}$	89183$_{200}$	86503$_{250}$
·84	97232$_{50}$	94472$_{99}$	91723$_{150}$	88983$_{200}$	86253$_{250}$
·85	97182$_{50}$	94373$_{100}$	91573$_{150}$	88783$_{200}$	86003$_{250}$
·86	97132$_{49}$	94273$_{99}$	91423$_{149}$	88583$_{199}$	85753$_{249}$
·87	97083$_{49}$	94174$_{99}$	91274$_{149}$	88384$_{199}$	85504$_{249}$
·88	97034$_{50}$	94075$_{99}$	91125$_{148}$	88185$_{198}$	85255$_{249}$
·89	96984$_{49}$	93976$_{98}$	90977$_{148}$	87987$_{199}$	85006$_{248}$
·90	96935$_{48}$	93878$_{98}$	90829$_{148}$	87788$_{197}$	84758$_{248}$
·91	96887$_{49}$	93780$_{98}$	90681$_{147}$	87591$_{197}$	84510$_{247}$
·92	96838$_{48}$	93682$_{97}$	90534$_{147}$	87394$_{196}$	84263$_{246}$
·93	96790$_{48}$	93585$_{97}$	90387$_{146}$	87198$_{196}$	84017$_{246}$
·94	96742$_{48}$	93488$_{96}$	90241$_{145}$	87002$_{195}$	83771$_{245}$
·95	96694$_{48}$	93392$_{96}$	90096$_{145}$	86807$_{194}$	83526$_{244}$
·96	96646$_{47}$	93296$_{95}$	89951$_{144}$	86613$_{193}$	83282$_{243}$
·97	96599$_{47}$	93201$_{95}$	89807$_{143}$	86420$_{193}$	83039$_{242}$
·98	96552$_{47}$	93106$_{94}$	89664$_{142}$	86227$_{191}$	82797$_{241}$
·99	96505$_{46}$	93012$_{93}$	89522$_{142}$	86036$_{190}$	82556$_{240}$
1·00	96459	92919	89380	85846	82316
K	1·61244	1·65962	1·71389	1·77752	1·85407

dn $(u, 0) = 1$

0·75 – 1·00

0·6	0·7	0·8	0·9	1·0	1·0
dn u	dn u	dn u	dn u	dn u	dn 10 u, cn 10 u
86225_{297}	83963_{346}	81711_{394}	79470_{443}	77239_{491}	00111_{11}
85928_{298}	83617_{347}	81317_{396}	79027_{445}	76748_{493}	00100_{9}
85630_{298}	83270_{347}	80921_{397}	78582_{445}	76255_{494}	00091_{9}
85332_{299}	82923_{349}	80524_{397}	78137_{446}	75761_{495}	00082_{8}
85033_{299}	82574_{348}	80127_{398}	77691_{448}	75266_{496}	00074_{7}
84734_{300}	82226_{350}	79729_{399}	77243_{448}	74770_{497}	00067_{6}
84434_{300}	81876_{349}	79330_{399}	76795_{448}	74273_{498}	00061_{6}
84134_{300}	81527_{350}	78931_{400}	76347_{449}	73775_{498}	00055_{5}
83834_{300}	81177_{350}	78531_{399}	75898_{450}	73277_{499}	00050_{5}
83534_{300}	80827_{350}	78132_{400}	75448_{449}	72778_{499}	00045_{4}
83234_{299}	80477_{350}	77732_{400}	74999_{450}	72279_{500}	00041
82935_{300}	80127_{350}	77332_{400}	74549_{450}	71779_{500}	00037
82635_{299}	79777_{349}	76932_{400}	74099_{450}	71279_{500}	00033
82336_{299}	79428_{350}	76532_{400}	73649_{450}	70779_{500}	00030
82037_{299}	79078_{349}	76132_{399}	73199_{450}	70279_{500}	00027
81738_{298}	78729_{348}	75733_{399}	72749_{449}	69779_{499}	00025
81440_{297}	78381_{348}	75334_{398}	72300_{449}	69280_{500}	00022
81143_{297}	78033_{347}	74936_{398}	71851_{448}	68780_{499}	00020
80846_{296}	77686_{347}	74538_{397}	71403_{448}	68281_{498}	00018
80550_{295}	77339_{345}	74141_{397}	70955_{448}	67783_{498}	00017
80255_{295}	76994_{345}	73744_{395}	70507_{446}	67285_{498}	00015
79960_{293}	76649_{344}	73349_{395}	70061_{446}	66787_{497}	00014
79667_{292}	76305_{343}	72954_{394}	69615_{444}	66290_{495}	00012
79375_{291}	75962_{342}	72560_{392}	69171_{444}	65795_{496}	00011
79084_{290}	75620_{340}	72168_{392}	68727_{443}	65299_{494}	00010
78794	75280	71776	68284	64805	00009
$1·94957$	$2·07536$	$2·25721$	$2·57809$		

1·00 − 1·25

m u	0·1 dn u	0·2 dn u	0·3 dn u	0·4 dn u	0·5 dn u
1·00	96459$_{46}$	92919$_{93}$	89380$_{140}$	85846$_{190}$	82316$_{239}$
1·01	96413$_{45}$	92826$_{92}$	89240$_{140}$	85656$_{188}$	82077$_{237}$
1·02	96368$_{45}$	92734$_{91}$	89100$_{138}$	85468$_{187}$	81840$_{236}$
1·03	96323$_{45}$	92643$_{91}$	88962$_{138}$	85281$_{185}$	81604$_{235}$
1·04	96278$_{44}$	92552$_{89}$	88824$_{136}$	85096$_{185}$	81369$_{233}$
1·05	96234$_{43}$	92463$_{89}$	88688$_{136}$	84911$_{183}$	81136$_{232}$
1·06	96191$_{44}$	92374$_{88}$	88552$_{134}$	84728$_{182}$	80904$_{230}$
1·07	96147$_{42}$	92286$_{87}$	88418$_{133}$	84546$_{180}$	80674$_{229}$
1·08	96105$_{43}$	92199$_{86}$	88285$_{132}$	84366$_{178}$	80445$_{227}$
1·09	96062$_{41}$	92113$_{86}$	88153$_{130}$	84188$_{178}$	80218$_{225}$
1·10	96021$_{41}$	92027$_{84}$	88023$_{129}$	84010$_{175}$	79993$_{224}$
1·11	95980$_{41}$	91943$_{83}$	87894$_{128}$	83835$_{174}$	79769$_{222}$
1·12	95939$_{40}$	91860$_{82}$	87766$_{126}$	83661$_{173}$	79547$_{219}$
1·13	95899$_{40}$	91778$_{82}$	87640$_{125}$	83488$_{170}$	79328$_{218}$
1·14	95859$_{38}$	91696$_{80}$	87515$_{124}$	83318$_{169}$	79110$_{216}$
1·15	95821$_{39}$	91616$_{79}$	87391$_{122}$	83149$_{167}$	78894$_{214}$
1·16	95782$_{37}$	91537$_{77}$	87269$_{120}$	82982$_{165}$	78680$_{212}$
1·17	95745$_{37}$	91460$_{77}$	87149$_{119}$	82817$_{163}$	78468$_{210}$
1·18	95708$_{37}$	91383$_{75}$	87030$_{117}$	82654$_{162}$	78258$_{208}$
1·19	95671$_{35}$	91308$_{75}$	86913$_{116}$	82492$_{159}$	78050$_{205}$
1·20	95636$_{35}$	91233$_{73}$	86797$_{114}$	82333$_{158}$	77845$_{203}$
1·21	95601$_{35}$	91160$_{72}$	86683$_{112}$	82175$_{155}$	77642$_{201}$
1·22	95566$_{33}$	91088$_{70}$	86571$_{110}$	82020$_{153}$	77441$_{199}$
1·23	95533$_{33}$	91018$_{69}$	86461$_{109}$	81867$_{151}$	77242$_{196}$
1·24	95500$_{32}$	90949$_{68}$	86352$_{107}$	81716$_{149}$	77046$_{194}$
1·25	95468	90881	86245	81567	76852
K	1·61244	1·65962	1·71389	1·77752	1·85407

dn $(u, 0) = 1$

1·00−1·25

0·6	0·7	0·8	0·9	1·0	1·0
dn u	dn u	dn u	dn u	dn u	dn 10 u, cn 10 u
78794$_{289}$	75280$_{340}$	71776$_{390}$	68284$_{442}$	64805$_{493}$	00009
78505$_{288}$	74940$_{338}$	71386$_{389}$	67842$_{440}$	64312$_{492}$	00008
78217$_{286}$	74602$_{336}$	70997$_{388}$	67402$_{439}$	63820$_{490}$	00007
77931$_{284}$	74266$_{335}$	70609$_{386}$	66963$_{438}$	63330$_{490}$	00007
77647$_{283}$	73931$_{334}$	70223$_{385}$	66525$_{436}$	62840$_{488}$	00006
77364$_{282}$	73597$_{332}$	69838$_{383}$	66089$_{435}$	62352$_{487}$	00006
77082$_{280}$	73265$_{330}$	69455$_{381}$	65654$_{433}$	61865$_{485}$	00005
76802$_{278}$	72935$_{329}$	69074$_{380}$	65221$_{431}$	61380$_{484}$	00005
76524$_{276}$	72606$_{327}$	68694$_{378}$	64790$_{430}$	60896$_{482}$	00004
76248$_{275}$	72279$_{325}$	68316$_{376}$	64360$_{428}$	60414$_{481}$	00004
75973$_{273}$	71954$_{323}$	67940$_{375}$	63932$_{427}$	59933$_{479}$	00003
75700$_{271}$	71631$_{321}$	67565$_{372}$	63505$_{424}$	59454$_{477}$	00003
75429$_{268}$	71310$_{319}$	67193$_{371}$	63081$_{423}$	58977$_{475}$	00003
75161$_{267}$	70991$_{317}$	66822$_{368}$	62658$_{420}$	58502$_{474}$	00002
74894$_{265}$	70674$_{315}$	66454$_{366}$	62238$_{419}$	58028$_{471}$	00002
74629$_{263}$	70359$_{313}$	66088$_{364}$	61819$_{416}$	57557$_{470}$	00002
74366$_{260}$	70046$_{310}$	65724$_{362}$	61403$_{415}$	57087$_{468}$	00002
74106$_{258}$	69736$_{308}$	65362$_{360}$	60988$_{412}$	56619$_{465}$	00002
73848$_{256}$	69428$_{306}$	65002$_{357}$	60576$_{410}$	56154$_{464}$	00002
73592$_{254}$	69122$_{304}$	64645$_{355}$	60166$_{408}$	55690$_{461}$	00001
73338$_{251}$	68818$_{301}$	64290$_{353}$	59758$_{405}$	55229$_{460}$	00001
73087$_{249}$	68517$_{298}$	63937$_{350}$	59353$_{403}$	54769$_{457}$	00001
72838$_{246}$	68219$_{296}$	63587$_{347}$	58950$_{401}$	54312$_{455}$	00001
72592$_{244}$	67923$_{294}$	63240$_{345}$	58549$_{398}$	53857$_{452}$	00001
72348$_{241}$	67629$_{291}$	62895$_{343}$	58151$_{396}$	53405$_{451}$	00001
72107	67338	62552	57755	52954	00001
1·94957	2·07536	2·25721	2·57809		

1·25 − 1·50

m	0·1	0·2	0·3	0·4	0·5
u	dn u	dn u	dn u	dn u	dn u
1·25	95468_{32}	90881_{67}	86245_{105}	81567_{147}	76852_{191}
1·26	95436_{30}	90814_{65}	86140_{103}	81420_{144}	76661_{189}
1·27	95406_{30}	90749_{63}	86037_{101}	81276_{143}	76472_{187}
1·28	95376_{29}	90686_{63}	85936_{100}	81133_{140}	76285_{184}
1·29	95347_{29}	90623_{61}	85836_{97}	80993_{137}	76101_{181}
1·30	95318_{27}	90562_{59}	85739_{96}	80856_{135}	75920_{178}
1·31	95291_{27}	90503_{58}	85643_{93}	80721_{133}	75742_{176}
1·32	95264_{26}	90445_{57}	85550_{91}	80588_{131}	75566_{173}
1·33	95238_{25}	90388_{55}	85459_{90}	80457_{128}	75393_{171}
1·34	95213_{24}	90333_{53}	85369_{87}	80329_{125}	75222_{167}
1·35	95189_{24}	90280_{52}	85282_{85}	80204_{123}	75055_{165}
1·36	95165_{23}	90228_{51}	85197_{83}	80081_{121}	74890_{162}
1·37	95142_{21}	90177_{49}	85114_{81}	79960_{118}	74728_{160}
1·38	95121_{21}	90128_{47}	85033_{79}	79842_{115}	74568_{156}
1·39	95100_{20}	90081_{46}	84954_{77}	79727_{112}	74412_{153}
1·40	95080_{20}	90035_{44}	84877_{74}	79615_{110}	74259_{151}
1·41	95060_{18}	89991_{42}	84803_{73}	79505_{108}	74108_{147}
1·42	95042_{17}	89949_{41}	84730_{70}	79397_{104}	73961_{145}
1·43	95025_{17}	89908_{39}	84660_{67}	79293_{102}	73816_{141}
1·44	95008_{15}	89869_{38}	84593_{66}	79191_{99}	73675_{138}
1·45	94993_{15}	89831_{35}	84527_{63}	79092_{97}	73537_{136}
1·46	94978_{14}	89796_{35}	84464_{61}	78995_{94}	73401_{132}
1·47	94964_{13}	89761_{32}	84403_{58}	78901_{90}	73269_{129}
1·48	94951_{12}	89729_{31}	84345_{56}	78811_{88}	73140_{126}
1·49	94939_{11}	89698_{29}	84289_{54}	78723_{86}	73014_{122}
1·50	94928	89669	84235	78637	72892
K	1·61244	1·65962	1·71389	1·77752	1·85407

$\mathrm{dn}\,(u, 0) = 1$

1·25 − 1·50

0·6	0·7	0·8	0·9	1·0	1·0
dn u	dn u	dn u	dn u	dn u	dn 10 u, cn 10 u
72107$_{239}$	67338$_{288}$	62552$_{340}$	57755$_{393}$	52954$_{448}$	00001
71868$_{236}$	67050$_{286}$	62212$_{337}$	57362$_{391}$	52506$_{445}$	00001
71632$_{233}$	66764$_{283}$	61875$_{335}$	56971$_{388}$	52061$_{444}$	00001
71399$_{231}$	66481$_{280}$	61540$_{332}$	56583$_{386}$	51617$_{441}$	00001
71168$_{228}$	66201$_{277}$	61208$_{329}$	56197$_{382}$	51176$_{438}$	00000
70940$_{225}$	65924$_{274}$	60879$_{326}$	55815$_{381}$	50738$_{436}$	
70715$_{222}$	65650$_{272}$	60553$_{323}$	55434$_{377}$	50302$_{434}$	
70493$_{219}$	65378$_{269}$	60230$_{321}$	55057$_{375}$	49868$_{431}$	
70274$_{217}$	65109$_{265}$	59909$_{318}$	54682$_{372}$	49437$_{428}$	
70057$_{213}$	64844$_{263}$	59591$_{315}$	54310$_{370}$	49009$_{426}$	
69844$_{211}$	64581$_{260}$	59276$_{311}$	53940$_{366}$	48583$_{423}$	
69633$_{208}$	64321$_{256}$	58965$_{309}$	53574$_{364}$	48160$_{421}$	
69425$_{204}$	64065$_{254}$	58656$_{306}$	53210$_{361}$	47739$_{418}$	
69221$_{202}$	63811$_{251}$	58350$_{303}$	52849$_{358}$	47321$_{416}$	
69019$_{198}$	63560$_{247}$	58047$_{300}$	52491$_{355}$	46905$_{413}$	
68821$_{195}$	63313$_{244}$	57747$_{297}$	52136$_{352}$	46492$_{410}$	
68626$_{193}$	63069$_{241}$	57450$_{293}$	51784$_{350}$	46082$_{408}$	
68433$_{188}$	62828$_{238}$	57157$_{291}$	51434$_{346}$	45674$_{405}$	
68245$_{186}$	62590$_{235}$	56866$_{287}$	51088$_{344}$	45269$_{402}$	
68059$_{183}$	62355$_{231}$	56579$_{284}$	50744$_{340}$	44867$_{400}$	
67876$_{179}$	62124$_{228}$	56295$_{281}$	50404$_{338}$	44467$_{397}$	
67697$_{176}$	61896$_{225}$	56014$_{278}$	50066$_{334}$	44070$_{394}$	
67521$_{173}$	61671$_{221}$	55736$_{275}$	49732$_{332}$	43676$_{391}$	
67348$_{169}$	61450$_{218}$	55461$_{271}$	49400$_{328}$	43285$_{389}$	
67179$_{167}$	61232$_{215}$	55190$_{268}$	49072$_{325}$	42896$_{386}$	
67012	61017	54922	48747	42510	
1·94957	2·07536	2·25721	2·57809		

1·50 – 1·75

m	0·1	0·2	0·3	0·4	0·5
u	dn u	dn u	dn u	dn u	dn u
1·50	94928$_{10}$	89669$_{27}$	84235$_{52}$	78637$_{82}$	72892$_{120}$
1·51	94918$_{9}$	89642$_{26}$	84183$_{49}$	78555$_{79}$	72772$_{116}$
1·52	94909$_{8}$	89616$_{24}$	84134$_{47}$	78476$_{77}$	72656$_{113}$
1·53	94901$_{8}$	89592$_{22}$	84087$_{44}$	78399$_{74}$	72543$_{110}$
1·54	94893$_{6}$	89570$_{20}$	84043$_{42}$	78325$_{70}$	72433$_{107}$
1·55	94887$_{6}$	89550$_{19}$	84001$_{39}$	78255$_{68}$	72326$_{103}$
1·56	94881$_{4}$	89531$_{17}$	83962$_{37}$	78187$_{65}$	72223$_{100}$
1·57	94877$_{4}$	89514$_{15}$	83925$_{35}$	78122$_{62}$	72123$_{97}$
1·58	94873$_{2}$	89499$_{13}$	83890$_{32}$	78060$_{59}$	72026$_{93}$
1·59	94871$_{2}$	89486$_{12}$	83858$_{30}$	78001$_{56}$	71933$_{90}$
1·60	94869$_{1}$	89474$_{9}$	83828$_{27}$	77945$_{53}$	71843$_{87}$
1·61	94868$_{1}$	89465$_{8}$	83801$_{25}$	77892$_{50}$	71756$_{83}$
1·62	94869$_{1}$	89457$_{6}$	83776$_{22}$	77842$_{46}$	71673$_{80}$
1·63	94870$_{2}$	89451$_{5}$	83754$_{20}$	77796$_{44}$	71593$_{77}$
1·64	94872$_{3}$	89446$_{2}$	83734$_{17}$	77752$_{41}$	71516$_{73}$
1·65	94875$_{4}$	89444$_{1}$	83717$_{15}$	77711$_{38}$	71443$_{70}$
1·66	94879$_{5}$	89443$_{1}$	83702$_{12}$	77673$_{35}$	71373$_{66}$
1·67	94884$_{6}$	89444$_{2}$	83690$_{10}$	77638$_{31}$	71307$_{63}$
1·68	94890$_{7}$	89446$_{5}$	83680$_{7}$	77607$_{29}$	71244$_{59}$
1·69	94897$_{8}$	89451$_{6}$	83673$_{5}$	77578$_{25}$	71185$_{56}$
1·70	94905$_{8}$	89457$_{8}$	83668$_{2}$	77553$_{23}$	71129$_{52}$
1·71	94913$_{10}$	89465$_{10}$	83666$_{0}$	77530$_{19}$	71077$_{49}$
1·72	94923$_{11}$	89475$_{12}$	83666$_{3}$	77511$_{16}$	71028$_{46}$
1·73	94934$_{11}$	89487$_{13}$	83669$_{6}$	77495$_{14}$	70982$_{42}$
1·74	94945$_{13}$	89500$_{16}$	83675$_{7}$	77481$_{10}$	70940$_{38}$
1·75	94958	89516	83682	77471	70902
K	1·61244	1·65962	1·71389	1·77752	1·85407

dn $(u, 0) = 1$

1·50 – 1·75

0·6	0·7	0·8	0·9	1·0
dn u	dn u	dn u	dn u	dn u
67012_{162}	61017_{212}	54922_{265}	48747_{323}	42510_{384}
66850_{160}	60805_{208}	54657_{261}	48424_{319}	42126_{381}
66690_{156}	60597_{204}	54396_{258}	48105_{316}	41745_{377}
66534_{152}	60393_{201}	54138_{255}	47789_{314}	41368_{376}
66382_{149}	60192_{198}	53883_{252}	47475_{310}	40992_{372}
66233_{146}	59994_{194}	53631_{248}	47165_{307}	40620_{370}
66087_{142}	59800_{190}	53383_{245}	46858_{304}	40250_{367}
65945_{139}	59610_{188}	53138_{241}	46554_{301}	39883_{365}
65806_{135}	59422_{183}	52897_{238}	46253_{297}	39518_{361}
65671_{131}	59239_{180}	52659_{235}	45956_{295}	39157_{359}
65540_{128}	59059_{177}	52424_{231}	45661_{291}	38798_{356}
65412_{125}	58882_{172}	52193_{228}	45370_{289}	38442_{354}
65287_{121}	58710_{170}	51965_{224}	45081_{285}	38088_{351}
65166_{117}	58540_{166}	51741_{221}	44796_{282}	37737_{348}
65049_{114}	58374_{162}	51520_{218}	44514_{279}	37389_{345}
64935_{110}	58212_{158}	51302_{214}	44235_{276}	37044_{343}
64825_{106}	58054_{155}	51088_{211}	43959_{273}	36701_{340}
64719_{103}	57899_{151}	50877_{207}	43686_{269}	36361_{337}
64616_{99}	57748_{148}	50670_{203}	43417_{267}	36024_{335}
64517_{96}	57600_{144}	50467_{200}	43150_{263}	35689_{332}
64421_{92}	57456_{140}	50267_{197}	42887_{260}	35357_{330}
64329_{88}	57316_{136}	50070_{193}	42627_{257}	35027_{326}
64241_{84}	57180_{133}	49877_{190}	42370_{254}	34701_{325}
64157_{81}	57047_{129}	49687_{186}	42116_{251}	34376_{321}
64076_{77}	56918_{126}	49501_{183}	41865_{247}	34055_{319}
63999	56792	49318	41618	33736
$1·94957$	$2·07536$	$2·25721$	$2·57809$	

$1{\cdot}75 - 2{\cdot}00$

m	$0{\cdot}1$	$0{\cdot}2$	$0{\cdot}3$	$0{\cdot}4$	$0{\cdot}5$
u	dn u	dn u	dn u	dn u	dn u
1·75	94958_{13}	89516_{17}	83682_{11}	77471_{7}	70902_{35}
1·76	94971_{14}	89533_{18}	83693_{12}	77464_{3}	70867_{31}
1·77	94985_{15}	89551_{21}	83705_{16}	77461_{1}	70836_{28}
1·78	95000_{17}	89572_{22}	83721_{18}	77460_{2}	70808_{25}
1·79	95017_{16}	89594_{24}	83739_{20}	77462_{5}	70783_{21}
1·80	95033_{18}	89618_{26}	83759_{23}	77467_{9}	70762_{17}
1·81	95051_{19}	89644_{27}	83782_{25}	77476_{12}	70745_{14}
1·82	95070_{20}	89671_{29}	83807_{28}	77488_{14}	70731_{10}
1·83	95090_{20}	89700_{31}	83835_{30}	77502_{18}	70721_{7}
1·84	95110_{22}	89731_{33}	83865_{33}	77520_{21}	70714_{3}
1·85	95132_{22}	89764_{34}	83898_{35}	77541_{24}	70711
1·86	95154_{23}	89798_{36}	83933_{37}	77565_{27}	70711_{4}
1·87	95177_{24}	89834_{38}	83970_{40}	77592_{30}	70715_{8}
1·88	95201_{25}	89872_{39}	84010_{43}	77622_{33}	70723_{10}
1·89	95226_{25}	89911_{41}	84053_{45}	77655_{36}	70733_{15}
1·90	95251_{27}	89952_{43}	84098_{47}	77691_{40}	70748_{18}
1·91	95278_{27}	89995_{44}	84145_{49}	77731_{42}	70766_{21}
1·92	95305_{28}	90039_{46}	84194_{52}	77773_{45}	70787_{26}
1·93	95333_{28}	90085_{47}	84246_{55}	77818_{49}	70813_{28}
1·94	95361_{30}	90132_{49}	84301_{57}	77867_{51}	70841_{32}
1·95	95391_{30}	90181_{51}	84358_{59}	77918_{55}	70873_{36}
1·96	95421_{31}	90232_{52}	84417_{61}	77973_{57}	70909_{39}
1·97	95452_{32}	90284_{53}	84478_{64}	78030_{60}	70948_{42}
1·98	95484_{33}	90337_{55}	84542_{66}	78090_{64}	70990_{47}
1·99	95517_{33}	90392_{57}	84608_{68}	78154_{66}	71037_{49}
2·00	95550	90449	84676	78220	71086
K	$1{\cdot}61244$	$1{\cdot}65962$	$1{\cdot}71389$	$1{\cdot}77752$	$1{\cdot}85407$

dn $(u, 0) = 1$

1·75–2·00

0·6	0·7	0·8	0·9	1·0
dn u	dn u	dn u	dn u	dn u
63999_{74}	56792_{121}	49318_{179}	41618_{245}	33736_{316}
63925_{69}	56671_{118}	49139_{175}	41373_{241}	33420_{314}
63856_{66}	56553_{115}	48964_{172}	41132_{238}	33106_{311}
63790_{62}	56438_{110}	48792_{169}	40894_{235}	32795_{309}
63728_{59}	56328_{107}	48623_{165}	40659_{232}	32486_{306}
63669_{54}	56221_{103}	48458_{161}	40427_{229}	32180_{303}
63615_{51}	56118_{99}	48297_{158}	40198_{226}	31877_{301}
63564_{48}	56019_{96}	48139_{155}	39972_{222}	31576_{298}
63516_{43}	55923_{91}	47984_{150}	39750_{220}	31278_{296}
63473_{40}	55832_{88}	47834_{148}	39530_{216}	30982_{293}
63433_{35}	55744_{84}	47686_{143}	39314_{213}	30689_{291}
63398_{32}	55660_{81}	47543_{141}	39101_{210}	30398_{288}
63366_{29}	55579_{76}	47402_{136}	38891_{207}	30110_{286}
63337_{24}	55503_{73}	47266_{133}	38684_{204}	29824_{284}
63313_{21}	55430_{69}	47133_{130}	38480_{201}	29540_{281}
63292_{17}	55361_{65}	47003_{126}	38279_{198}	29259_{278}
63275_{13}	55296_{61}	46877_{122}	38081_{194}	28981_{277}
63262_{9}	55235_{58}	46755_{119}	37887_{192}	28704_{273}
63253_{6}	55177_{54}	46636_{115}	37695_{188}	28431_{272}
63247_{1}	55123_{50}	46521_{112}	37507_{186}	28159_{269}
63246_{2}	55073_{46}	46409_{108}	37321_{182}	27890_{266}
63248_{5}	55027_{42}	46301_{104}	37139_{179}	27624_{265}
63253_{10}	54985_{38}	46197_{101}	36960_{177}	27359_{262}
63263_{14}	54947_{35}	46096_{98}	36783_{173}	27097_{259}
63277_{17}	54912_{31}	45998_{93}	36610_{170}	26838_{258}
63294	54881	45905	36440	26580
$1·94957$	$2·07536$	$2·25721$	$2·57809$	

$2{\cdot}00-2{\cdot}25$

m u	0·6 dn u	0·7 dn u	0·8 dn u	0·9 dn u	1·0 dn u
2·00	63294_{21}	54881_{27}	45905_{91}	36440_{167}	26580_{255}
2·01	63315_{25}	54854_{23}	45814_{86}	36273_{164}	26325_{253}
2·02	63340_{28}	54831_{19}	45728_{83}	36109_{161}	26072_{250}
2·03	63368_{33}	54812_{16}	45645_{80}	35948_{158}	25822_{249}
2·04	63401_{36}	54796_{11}	45565_{76}	35790_{155}	25573_{246}
2·05	63437_{40}	54785_{8}	45489_{72}	35635_{152}	25327_{244}
2·06	63477_{43}	54777_{4}	45417_{69}	35483_{149}	25083_{241}
2·07	63520_{48}	54773	45348_{65}	35334_{146}	24842_{240}
2·08	63568_{51}	54773_{3}	45283_{62}	35188_{143}	24602_{237}
2·09	63619_{55}	54776_{8}	45221_{58}	35045_{140}	24365_{236}
2·10	63674_{59}	54784_{11}	45163_{54}	34905_{137}	24129_{233}
2·11	63733_{62}	54795_{15}	45109_{51}	34768_{134}	23896_{231}
2·12	63795_{67}	54810_{19}	45058_{47}	34634_{131}	23665_{229}
2·13	63862_{70}	54829_{23}	45011_{44}	34503_{128}	23436_{226}
2·14	63932_{73}	54852_{27}	44967_{40}	34375_{125}	23210_{225}
2·15	64005_{78}	54879_{31}	44927_{37}	34250_{122}	22985_{223}
2·16	64083_{81}	54910_{34}	44890_{33}	34128_{119}	22762_{220}
2·17	64164_{85}	54944_{38}	44857_{29}	34009_{117}	22542_{219}
2·18	64249_{88}	54982_{42}	44828_{26}	33892_{113}	22323_{217}
2·19	64337_{92}	55024_{46}	44802_{22}	33779_{110}	22106_{214}
2·20	64429_{96}	55070_{49}	44780_{19}	33669_{108}	21892_{213}
2·21	64525_{100}	55119_{54}	44761_{15}	33561_{104}	21679_{210}
2·22	64625_{103}	55173_{57}	44746_{11}	33457_{101}	21469_{209}
2·23	64728_{107}	55230_{61}	44735_{8}	33356_{99}	21260_{207}
2·24	64835_{110}	55291_{65}	44727_{5}	33257_{96}	21053_{205}
2·25	64945	55356	44722	33161	20848
K	$1{\cdot}94957$	$2{\cdot}07536$	$2{\cdot}25721$	$2{\cdot}57809$	

$2 \cdot 25 - 2 \cdot 50$

m	0·6	0·7	0·8	0·9	1·0
u	dn u	dn u	dn u	dn u	dn u
2·25	64945_{114}	55356_{69}	44722	33161_{92}	20848_{203}
2·26	65059_{118}	55425_{72}	44722_{2}	33069_{90}	20645_{201}
2·27	65177_{121}	55497_{77}	44724_{7}	32979_{87}	20444_{199}
2·28	65298_{125}	55574_{80}	44731_{10}	32892_{84}	20245_{197}
2·29	65423_{128}	55654_{84}	44741_{13}	32808_{81}	20048_{196}
2·30	65551_{132}	55738_{87}	44754_{17}	32727_{78}	19852_{193}
2·31	65683_{135}	55825_{92}	44771_{21}	32649_{76}	19659_{192}
2·32	65818_{139}	55917_{95}	44792_{24}	32573_{72}	19467_{190}
2·33	65957_{143}	56012_{99}	44816_{28}	32501_{70}	19277_{189}
2·34	66100_{146}	56111_{102}	44844_{31}	32431_{66}	19088_{186}
2·35	66246_{149}	56213_{107}	44875_{35}	32365_{64}	18902_{185}
2·36	66395_{153}	56320_{110}	44910_{39}	32301_{61}	18717_{183}
2·37	66548_{156}	56430_{114}	44949_{42}	32240_{58}	18534_{181}
2·38	66704_{160}	56544_{118}	44991_{46}	32182_{55}	18353_{180}
2·39	66864_{163}	56662_{121}	45037_{49}	32127_{52}	18173_{178}
2·40	67027_{166}	56783_{125}	45086_{53}	32075_{50}	17995_{176}
2·41	67193_{170}	56908_{129}	45139_{56}	32025_{46}	17819_{174}
2·42	67363_{173}	57037_{133}	45195_{60}	31979_{44}	17645_{173}
2·43	67536_{176}	57170_{136}	45255_{64}	31935_{41}	17472_{171}
2·44	67712_{180}	57306_{140}	45319_{67}	31894_{38}	17301_{170}
2·45	67892_{183}	57446_{144}	45386_{71}	31856_{35}	17131_{168}
2·46	68075_{186}	57590_{147}	45457_{74}	31821_{32}	16963_{166}
2·47	68261_{189}	57737_{151}	45531_{78}	31789_{29}	16797_{165}
2·48	68450_{192}	57888_{154}	45609_{82}	31760_{27}	16632_{163}
2·49	68642_{196}	58042_{159}	45691_{85}	31733_{23}	16469_{162}
2·50	68838	58201	45776	31710	16307
K	$1 \cdot 94957$	$2 \cdot 07536$	$2 \cdot 25721$	$2 \cdot 57809$	

2·50 – 3·00

m	0·9	1·0	m	0·9	1·0
u	dn u	dn u	u	dn u	dn u
2·50	31710_{21}	16307_{160}	2·75	32044_{50}	12734_{126}
2·51	31689_{18}	16147_{159}	2·76	32094_{54}	12608_{125}
2·52	31671_{15}	15988_{157}	2·77	32148_{56}	12483_{123}
2·53	31656_{13}	15831_{155}	2·78	32204_{59}	12360_{122}
2·54	31643_{9}	15676_{154}	2·79	32263_{62}	12238_{121}
2·55	31634_{7}	15522_{153}	2·80	32325_{65}	12117_{119}
2·56	31627_{3}	15369_{151}	2·81	32390_{68}	11998_{119}
2·57	31624_{1}	15218_{150}	2·82	32458_{70}	11879_{117}
2·58	31623_{2}	15068_{148}	2·83	32528_{74}	11762_{117}
2·59	31625_{5}	14920_{147}	2·84	32602_{76}	11645_{115}
2·60	31630_{7}	14773_{145}	2·85	32678_{79}	11530_{114}
2·61	31637_{11}	14628_{144}	2·86	32757_{83}	11416_{113}
2·62	31648_{13}	14484_{143}	• 2·87	32840_{85}	11303_{111}
2·63	31661_{16}	14341_{141}	2·88	32925_{88}	11192_{111}
2·64	31677_{19}	14200_{140}	2·89	33013_{91}	11081_{110}
2·65	31696_{22}	14060_{138}	2·90	33104_{93}	10971_{108}
2·66	31718_{25}	13922_{138}	2·91	33197_{97}	10863_{108}
2·67	31743_{28}	13784_{136}	2·92	33294_{100}	10755_{106}
2·68	31771_{30}	13648_{134}	2·93	33394_{103}	10649_{105}
2·69	31801_{33}	13514_{133}	2·94	33497_{105}	10544_{105}
2·70	31834_{37}	13381_{132}	2·95	33602_{109}	10439_{103}
2·71	31871_{39}	13249_{131}	2·96	33711_{111}	10336_{102}
2·72	31910_{41}	13118_{129}	2·97	33822_{114}	10234_{102}
2·73	31951_{45}	12989_{129}	2·98	33936_{118}	10132_{100}
2·74	31996_{48}	12860_{126}	2·99	34054_{120}	10032_{99}
2·75	32044	12734	3·00	34174	09933
K	2·57809			2·57809	

3·50−4·00

m	1·0	m	1·0
u	dn u, cn u	u	dn u, cn u
3·50	06034$_{60}$	3·75	04701$_{47}$
3·51	05974$_{59}$	3·76	04654$_{46}$
3·52	05915$_{59}$	3·77	04608$_{46}$
3·53	05856$_{58}$	3·78	04562$_{45}$
3·54	05798$_{58}$	3·79	04517$_{45}$
3·55	05740$_{57}$	3·80	04472$_{45}$
3·56	05683$_{56}$	3·81	04427$_{44}$
3·57	05627$_{56}$	3·82	04383$_{43}$
3·58	05571$_{56}$	3·83	04340$_{43}$
3·59	05515$_{54}$	3·84	04297$_{43}$
3·60	05461$_{55}$	3·85	04254$_{42}$
3·61	05406$_{53}$	3·86	04212$_{42}$
3·62	05353$_{53}$	3·87	04170$_{42}$
3·63	05300$_{53}$	3·88	04128$_{41}$
3·64	05247$_{52}$	3·89	04087$_{40}$
3·65	05195$_{52}$	3·90	04047$_{41}$
3·66	05143$_{51}$	3·91	04006$_{39}$
3·67	05092$_{51}$	3·92	03967$_{40}$
3·68	05041$_{50}$	3·93	03927$_{39}$
3·69	04991$_{49}$	3·94	03888$_{38}$
3·70	04942$_{49}$	3·95	03850$_{39}$
3·71	04893$_{49}$	3·96	03811$_{38}$
3·72	04844$_{48}$	3·97	03773$_{37}$
3·73	04796$_{48}$	3·98	03736$_{37}$
3·74	04748$_{47}$	3·99	03699$_{37}$
3·75	04701	4·00	03662

Für $m = 1·0$ siehe auch Seiten 43, 49, 51, 53, 55, 57

Die elliptischen Normalintegrale K, K', E, E'
$0{\cdot}00 - 0{\cdot}25$

m	K	K'	E
0·00	1·5707963	∞	1·5707963
·01	1·5747456	3·6956374	1·5668619
·02	1·5787399	3·3541414	1·5629126
·03	1·5827803	3·1558749	1·5589482
·04	1·5868678	3·0161125	1·5549685
·05	1·5910035	2·9083372	1·5509734
·06	1·5951882	2·8207525	1·5469625
·07	1·5994232	2·7470730	1·5429357
·08	1·6037097	2·6835514	1·5388927
·09	1·6080486	2·6277733	1·5348335
·10	1·6124413	2·5780921	1·5307576
·11	1·6168891	2·5333345	1·5266650
·12	1·6213931	2·4926353	1·5225554
·13	1·6259548	2·4553380	1·5184285
·14	1·6305755	2·4209330	1·5142840
·15	1·6352567	2·3890165	1·5101218
·16	1·6399999	2·3592636	1·5059416
·17	1·6448065	2·3314086	1·5017431
·18	1·6496782	2·3052317	1·4975260
·19	1·6546167	2·2805491	1·4932901
·20	1·6596236	2·2572053	1·4890351
·21	1·6647008	2·2350678	1·4847606
·22	1·6698501	2·2140225	1·4804664
·23	1·6750734	2·1939709	1·4761521
·24	1·6803728	2·1748271	1·4718175
·25	1·6857504	2·1565156	1·4674622
m_1	K'	K	E'

und die Zahl q nach Werten von m

$0.75 - 1.00$

E'	q	q_1	m_1
1·0000000	0·00000000	1·00000000	1·00
1·0159935	00062815	0·26219627	0·99
1·0285945	00126267	22793457	·98
1·0399469	00190369	20687981	·97
1·0505022	00255135	19149631	·96
1·0604737	00320579	17931601	·95
1·0699861	00386714	16920753	·94
1·0791214	00453554	16055420	·93
1·0879375	00521116	15298148	·92
1·0964775	00589414	14624427	·91
1·1047747	00658465	14017313	·90
1·1128556	00728285	13464588	·89
1·1207417	00798891	12957147	·88
1·1284507	00870300	12488012	·87
1·1359978	00942531	12051720	·86
1·1433958	01015604	11643906	·85
1·1506556	01089536	11261032	·84
1·1577870	01164349	10900183	·83
1·1647983	01240064	10558935	·82
1·1716971	01316702	10235242	·81
1·1784899	01394286	09927370	·80
1·1851829	01472839	09633827	·79
1·1917813	01552385	09353329	·78
1·1982901	01632949	09084754	·77
1·2047136	01714558	08827124	·76
1·2110560	01797239	08579573	·75
E	q_1	q	m

0·25 – 0·50

m	K	K'	E
·25	1·6857504	2·1565156	1·4674622
·26	1·6912082	2·1389702	1·4630859
·27	1·6967486	2·1221319	1·4586882
·28	1·7023740	2·1059483	1·4542687
·29	1·7080867	2·0903727	1·4498271
·30	1·7138894	2·0753631	1·4453631
·31	1·7197848	2·0608816	1·4408761
·32	1·7257756	2·0468941	1·4363659
·33	1·7318648	2·0333694	1·4318319
·34	1·7380554	2·0202794	1·4272738
·35	1·7443506	2·0075984	1·4226911
·36	1·7507538	1·9953028	1·4180834
·37	1·7572685	1·9833710	1·4134501
·38	1·7638984	1·9717832	1·4087908
·39	1·7706473	1·9605210	1·4041050
·40	1·7775194	1·9495677	1·3993921
·41	1·7845188	1·9389077	1·3946517
·42	1·7916501	1·9285263	1·3898830
·43	1·7989180	1·9184103	1·3850856
·44	1·8063276	1·9085470	1·3802588
·45	1·8138839	1·8989249	1·3754020
·46	1·8215927	1·8895331	1·3705145
·47	1·8294598	1·8803614	1·3655957
·48	1·8374914	1·8714002	1·3606448
·49	1·8456940	1·8626408	1·3556611
·50	1·8540747	1·8540747	1·3506439
m_1	K'	K	E'

$0{\cdot}50-0{\cdot}75$

E'	q	q_1	m_1
1·2110560	01797239	08579573	·75
1·2173210	01881019	08341339	·74
1·2235118	01965929	08111742	·73
1·2296318	02051998	07890173	·72
1·2356838	02139259	07676087	·71
1·2416706	02227744	07468994	·70
1·2475945	02317488	07268450	·69
1·2534581	02408527	07074051	·68
1·2592634	02500898	06885431	·67
1·2650126	02594641	06702255	·66
1·2707075	02689797	06524218	·65
1·2763499	02786408	06351039	·64
1·2819417	02884519	06182460	·63
1·2874843	02984178	06018242	·62
1·2929792	03085432	05858165	·61
1·2984280	03188335	05702026	·60
1·3038320	03292939	05549636	·59
1·3091924	03399302	05400819	·58
1·3145106	03507483	05255411	·57
1·3197876	03617546	05113261	·56
1·3250245	03729556	04974226	·55
1·3302225	03843582	04838173	·54
1·3353824	03959700	04704976	·53
1·3405054	04077985	04574520	·52
1·3455922	04198520	04446693	·51
1·3506439	04321392	04321392	·50
E	q_1	q	m

Verlag von Julius Springer / Berlin

Fünfstellige Funktionentafeln. Kreis-, zyklometrische, Exponential-, Hyperbel-, Kugel-, Besselsche, elliptische Funktionen, Thetanullwerte, natürlicher Logarithmus, Gammafunktion u. a. m. nebst einigen häufig vorkommenden Zahlenwerten. Von Professor **Keiichi Hayashi.** Mit 17 Textabbildungen. VIII, 176 Seiten. 1930.
RM 28.—; gebunden RM 30.—

Tafeln der Besselschen, Theta-, Kugel- und anderer Funktionen. Von Professor **Keiichi Hayashi.** Mit 14 Textabbildungen. V, 125 Seiten. 1930.
RM 24.—; gebunden RM 26.—

Sieben- und mehrstellige Tafeln der Kreis- und Hyperbelfunktionen und deren Produkte sowie der Gammafunktion nebst einem Anhang: Interpolations- und sonstige Formeln. Von Professor **Keiichi Hayashi.** VI, 284 Seiten. 1926. RM 45.—; gebunden RM 48.—

Vorlesungen über allgemeine Funktionentheorie und elliptische Funktionen. Von **Adolf Hurwitz †,** weil. ord. Professor der Mathematik am Eidgenössischen Polytechnikum Zürich. Herausgegeben und ergänzt durch einen Abschnitt über **Geometrische Funktionentheorie** von **R. Courant,** ord. Professor der Mathematik an der Universität Göttingen. Dritte, vermehrte und verbesserte Auflage. (Die Grundlehren der mathematischen Wissenschaften in Einzeldarstellungen, Band III.) Mit 152 Abbildungen. XII, 534 Seiten. 1929.
RM 33.—; gebunden RM 34.80

Vorlesungen über einige Klassen nichtlinearer Integralgleichungen und Integro-Differential-Gleichungen nebst Anwendungen. Von **Leon Lichtenstein,** o. ö. Professor der Mathematik an der Universität Leipzig. X, 164 Seiten. 1931. RM 16.80

Die mathematischen Hilfsmittel des Physikers. Von Professor Dr. **Erwin Madelung,** Frankfurt a. M. Zweite, verbesserte Auflage. (Die Grundlehren der mathematischen Wissenschaften in Einzeldarstellungen, Band IV.) Mit 20 Textfiguren. XIII, 283 Seiten. 1925. RM 13.50; gebunden RM 15.—

Einführung in die Höhere Mathematik unter besonderer Berücksichtigung der Bedürfnisse des Ingenieurs. Von Professor Dr. phil. **Fritz Wicke.**
Erster Band: Mit den Abbildungen 1—231 und einer Tafel. VI, 427 Seiten. 1927. Gebunden RM 24.—
Zweiter Band: Mit den Abbildungen 232—404. III, 492 Seiten. 1927. Gebunden RM 24.—

Verlag von Julius Springer / Berlin

Theorie der Differentialgleichungen. Vorlesungen aus dem Gesamtgebiet der gewöhnlichen und der partiellen Differentialgleichungen. Von Professor **Ludwig Bieberbach,** Berlin. (Die Grundlehren der mathematischen Wissenschaften in Einzeldarstellungen, Band VI.) Dritte, neubearbeitete Auflage. Mit 22 Abbildungen. XIII, 399 Seiten. 1930. RM 21.—; gebunden RM 22.80

Die Differentialgleichungen des Ingenieurs. Darstellung der für Ingenieure und Physiker wichtigsten gewöhnlichen und partiellen Differentialgleichungen einschließlich der Näherungsverfahren und mechanischen Hilfsmittel. Mit besonderen Abschnitten über Variationsrechnung und Integralgleichungen. Von Professor Dr. **Wilhelm Hort,** Oberingenieur der AEG Turbinenfabrik, Berlin. Zweite, umgearbeitete und vermehrte Auflage unter Mitwirkung von Dr. phil. **W. Birnbaum** und Dr.-Ing. **K. Lachmann.** Mit 308 Abbildungen im Text und auf zwei Tafeln. XII, 700 Seiten. 1925. Gebunden RM 25.50

Vorlesungen über Differential- und Integralrechnung. Von Professor **R. Courant,** Göttingen.

Erster Band: **Funktionen einer Veränderlichen.** Zweite, verbesserte Auflage. Mit 126 Textfiguren. XIV, 410 Seiten. 1930. Gebunden RM 18.60

Zweiter Band: **Funktionen mehrerer Veränderlicher.** Mit 88 Textfiguren. VII, 360 Seiten. 1929. Gebunden RM 18.60

Der absolute Differentialkalkül und seine Anwendungen in Geometrie und Physik. Von **Tullio Levi-Civita,** Professor der Mechanik an der Universität Rom. Autorisierte deutsche Ausgabe von Adalbert Duschek, Privatdozent der Mathematik an der Technischen Hochschule Wien. (Die Grundlehren der mathematischen Wissenschaften in Einzeldarstellungen, Band XXVIII.) Mit 6 Abbildungen. XI, 310 Seiten. 1928. RM 19.60; gebunden RM 21.—

Vorlesungen über Differenzenrechnung. Von Professor **Niels Erik Nörlund,** Kopenhagen. (Die Grundlehren der mathematischen Wissenschaften in Einzeldarstellungen, Band XIII.) Mit 54 Textfiguren. IX, 551 Seiten. 1924.
RM 24.—; gebunden RM 25.20

Mathematische Schwingungslehre. Theorie der gewöhnlichen Differentialgleichungen mit konstanten Koeffizienten sowie einiges über partielle Differentialgleichungen und Differenzengleichungen. Von Dr. **Erich Schneider.** Mit 49 Textabbildungen. VI, 194 Seiten. 1924. RM 8.40; gebunden RM 10.—

Mathematische Strömungslehre. Von Privatdozent Dr. **Wilhelm Müller,** Hannover. Mit 137 Textabbildungen. IX, 239 Seiten. 1928. RM 18.—; gebunden RM 19.50

MIX
Papier aus verantwortungsvollen Quellen
Paper from responsible sources
FSC® C105338

If you have any concerns about our products,
you can contact us on
ProductSafety@springernature.com

In case Publisher is established outside the EU,
the EU authorized representative is:
**Springer Nature Customer Service Center GmbH
Europaplatz 3, 69115 Heidelberg, Germany**

Printed by Libri Plureos GmbH
in Hamburg, Germany